海洋微生物学实验

马红梅　黄　琴　主编

中国海洋大学出版社
·青岛·

图书在版编目(CIP)数据

海洋微生物学实验 / 马红梅，黄琴主编. — 青岛 ：
中国海洋大学出版社，2020.6（2023.2 重印）

ISBN 978-7-5670-2521-9

Ⅰ. ①海… Ⅱ. ①马… ②黄… Ⅲ. ①海洋微生物-
实验-高等学校-教材 Ⅳ. ①Q939-33

中国版本图书馆 CIP 数据核字（2020）第 112088 号

海洋微生物学实验

出版发行	中国海洋大学出版社
社　　址	青岛市香港东路 23 号　邮政编码　266071
网　　址	http://pub.ouc.edu.cn
出 版 人	杨立敏
责任编辑	邓志科
电　　话	0532-85901040
电子信箱	dengzhike@sohu.com
订购电话	0532-82032573（传真）
印　　制	日照报业印刷有限公司
版　　次	2020 年 6 月第 1 版
印　　次	2023 年 2 月第 2 次印刷
成品尺寸	170 mm×230 mm
印　　张	13.25
字　　数	231 千
印　　数	1001-2000
定　　价	40.00 元

如发现质量问题，请致电 0633-8221365，由印刷厂负责调换。

前/言

　　海洋约占地球表面积的71%,但人们对海洋微生物的研究和利用远不及陆地微生物。现在人们从陆地微生物中发现新的高活性物质越来越困难,逐渐把目光投向海洋。

　　海洋微生物学属于微生物学分支领域,除考虑海洋生境外,还要考虑沿用现代生命科学和生物技术的理论和技术体系,但是因研究对象生境的特殊性,研究方法又将面临许多新的挑战。海洋微生物学实验是海洋生物专业的必修课程,是水产微生物学及海洋生态学等相关专业的重要实验课。

　　本书包括三大部分:第一部分为基础实验,共有20个基础实验项目,可串联成一个系列实验组合,前一个实验是下一个实验的准备,前一个实验的结果直接影响下一个实验的成功与否,省去了每做一个实验就要重新做大量准备工作的时间。我们认为这些基础实验较为全面地包括了微生物基础实验所要求的内容,具有一定的代表性,掌握了这些基础操作,综合性实验开展才较为顺利。第二部分为大型综合性实验,以常见微生物类型(细菌、放线菌、酵母菌、霉菌、微藻)为主线,每一种类型的微生物各有一个代表,整个综合性实验贯穿了菌种的介绍、筛选、鉴定、应用这一主线。第三部分为研究设计性实验,分为研究性实验和设计性实验。研究性实验参考毕业论文要求,给出了研究背景、研究所需要的器材和研究内容，学生可参考此范本做实验。设计性实验完全由学生自主设计实验的框架，写出实验的方案。题目可指定也可由学生自拟，内容多为学生感兴趣的海洋微生物问题。此部分主要培养学生的独立思考能力、创新能力和实践能力，为本科学生的学年论文和毕业论文的设计打下良好的基础。

本教材为 2020 年度海南省高等学校教育教学改革研究项目（项目编号：Hnjg2020ZD-35）、海南热带海洋学院 2019 年度校级教改项目（项目编号：RHYJG2019-27）及 2019 年校级教材建设项目（项目编号：RHYJC2019-05）的研究成果，在此对参与项目研究的同事和学生表示衷心的感谢。在教材编写过程中也参考了国内外的一些文献和网络资料，在此对原作者一并表示感谢。

书中综合性实验"海洋微藻的分离培养、保藏与定量"部分由黄琴完成，其余部分由马红梅执笔。由于编者水平的限制，书中难免存在疏漏与错误，有些实验内容尚需进一步充实提高。敬请读者给本教材提出宝贵的意见和建议，以利于我们进一步提高和修正。

本教材可供涉海专业微生物学实验、海洋微生物学实验教学使用。

实验注意细则

(1)实验前应预习实验指导书并复习相关知识,做到心中有数,思路清楚。

(2)正式实验前须认真检查仪器、试剂、用具及实验材料。如有破损、短缺应立即报告指导教师,经同意后方可调换和补充。对玻璃器皿须做好清洗工作。

(3)严格按照实验分组,分批进入实验室,不得迟到。非本实验组的同学不准进入实验室。

(4)进入实验室必须穿实验服。各位同学进入各自实验小组实验台后,保持安静,不得大声喧哗和嬉戏,不得无故离开本实验台随便走动。绝对禁止用实验仪器或药物开玩笑。

(5)实验时小心仔细,全部操作应严格按照操作规程进行。万一遇有盛菌试管或瓶不慎打破、皮肤破伤或菌液吸入口中等意外情况,应立即报告指导教师,及时处理,切勿隐瞒。

(6)实验过程中应保持实验台的整洁,废液倒入废液桶中,用过的一次性材料放入垃圾桶中,禁止直接倒入水槽中或随地乱丢。不准随地吐痰,不得乱扔废弃物,保持实验区清洁卫生。

(7)实验过程中不得随便挪动外组的仪器、用具和实验材料。不得随意拨动仪器开关或电源开关,须按实验要求进行。

(8)应在不影响实验结果的前提下注意节约药剂与材料,杜绝浪费。

(9)爱护仪器,使用前应了解使用方法,使用时要严格遵守操作规程,不得擅自移动实验仪器。仪器因非实验性损坏,由损坏者赔还。

(10)使用水、火、电时,要做到人在使用,人走关水、断电、熄火。

(11)做完实验要清洗仪器、器皿,并放回原位,擦净桌面。

(12)实验过程中,须按操作规程仔细操作,注意观察实验结果,应及时记录。不得抄写他人的实验记录,否则,须重做。如有疑问,应向指导教师询问清楚后方可进行。

(13)实验结束后,必须经教师审查数据、签字后才能将仪器整理还原,并将桌面收拾整齐,离开实验室。值日生负责打扫实验室,保持室内整洁,注意关上水、电、窗、门。

目/录

第二部分　综合性实验

第一部分　基础实验

　　基础实验指与本课程中某节内容或某个知识点相关的科学实验,每个实验可以相对独立,内容设置无序,信息量较少,要求学生掌握基础理论知识和基本操作技能。

实验一　玻璃器皿的洗涤与干热灭菌

一、实验目的

(1)了解玻璃器皿洗涤的常用方法和洗涤步骤。
(2)了解干热灭菌的基本原理和应用范围。
(3)掌握干热灭菌的操作方法。

二、实验原理

要培养微生物,首先要配制其所需要的培养基。配制培养基之前应先做好相应的玻璃器皿的洗涤,并将它们晾干(或烘干)后包扎灭菌。空玻璃器皿的灭菌一般采用干热灭菌。干热灭菌是利用高温使微生物细胞内的蛋白质凝固变性而达到灭菌的目的。微生物的蛋白质凝固性与其本身的含水量有关。在菌体受热时,环境和细胞内含水量越大,蛋白质凝固就越快;含水量越少,凝固越慢。通常干热灭菌所需要的温度为 $160 \sim 170$ ℃,不宜超过 180 ℃,灭菌时间为 $1 \sim 2$ h。

三、实验材料

1. 试剂
$1\% \sim 2\%$ 的盐酸溶液、洗洁精、5% 的石炭酸、洗衣粉等。
2. 器材
玻璃器皿、电炉、电热鼓风干燥箱等。

四、实验步骤

1. 玻璃器皿的清洗
(1)新购入的玻璃器皿的处理:新购入的玻璃器皿或多或少带有游离的碱

性物质,应先用1‰的稀盐酸浸泡一夜,然后用肥皂水或洗洁精洗净,清水冲洗,烘干备用。

(2)对于培养有毒菌种的培养皿,先将培养器皿放置于高压蒸汽灭菌锅内,于121 ℃灭菌15 min后,再除去用过的培养基,然后用洗涤剂浸泡,再用刷子刷洗,自来水冲洗干净。

(3)对于盛有血液或血清的试管或玻璃瓶等,在高温蒸汽灭菌之前,必须将血液或血清倒入烧杯,然后洗净,再进行灭菌。否则血液或血清因加热凝固而黏附在器皿上,不易倒出,这样不但增加洗涤的难度,而且有遗留痕迹,有的甚至难以洗去。

(4)对于曾吸取琼脂的吸管,不论是否要消毒,均应于用后立即用热水冲洗干净,然后再进行消毒。否则因琼脂凝固,管内径较小,很难将吸管内壁洗净。

2.洗涤

(1)一般玻璃器皿的洗涤:将消毒处理过的玻璃器皿浸泡于清水中,若器皿上沾有油污或记号笔标记,用热水刷洗,最后用清水冲洗2～3次;经热水冲洗后,如有污迹,可用清洁液浸泡24 h,取出用清水冲净;如不能立即刷洗,也应用清水浸泡,以免干燥后不易刷洗。

(2)吸管的洗涤:

①将吸管从消毒剂中取出后,先用细铁丝取出管口的瓶塞。若瓶塞太紧不易取出,可将铁丝尖端压扁,插入棉塞与管壁间,轻轻一转即可将棉塞拉出。

②将吸管浸泡于洗衣粉中,以特制的毛刷或尖端缠有棉花的细铁丝洗刷吸管内部。铁丝尖端的棉花应随时更换。

③用一根胶皮管,一端接冲洗球,另一端接吸管的尖端,在清水中反复冲洗几次,若仍有污迹,再按②处理或置于清洁缸内浸泡24 h,取出后,再充分冲洗。

④洗净的吸管再用蒸馏水冲洗一遍,倒立于底部垫有棉花的铁丝框中晾干。

(3)载玻片的洗涤:取出经过消毒的载玻片放于洗衣粉水中煮沸10 min,然后用纱布蘸洗衣粉擦洗,再经清水冲洗,放于清水液中过夜,取出后用水洗去清洁液。

3.干燥

洗净的玻璃器皿倒置于清洁的木架上或铺有清洁纱布的平台上,令其自然干燥。若急需使用,可将玻璃器皿放于50 ℃左右的干燥烘干箱中迅速烘干,但温度不宜太高,以免玻璃器皿破裂。玻璃器皿干燥后,用干净的绸布拭去干后的水分。玻片干燥后,保存在清洁容器内,或浸于95%乙醇溶液内,使用时再用

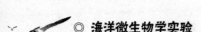

软布擦去。盛放培养基的三角瓶和试管可直接使用,而倒平板的培养皿和移取菌液的吸管则需要包扎灭菌。

4.包装

如玻璃器皿需要灭菌,应于灭菌前将玻璃器皿妥善包装,以免灭菌后被环境中的杂菌污染。

(1)培养皿的包装:培养皿常用旧报纸或牛皮纸密密包紧,一般以 10 套培养皿作一包。

(2)吸管的包装:吸管包装前,应先用细铁丝塞棉花少许于吸管口端,距管口约半寸处,以免在使用时将病原微生物吸入胶球,同时又可过滤胶球中吹出的空气,避免污染实验材料。塞入吸管的棉塞大小要适宜。如太小则太松,吸吹时随气流上下移动而失去作用;如太大则太紧,以致阻塞空气的流动而使吹吸不畅。塞过棉花后,将吸管一一用纸包裹好,然后用大纸将数支吸管包成一束进行灭菌。包好的空的玻璃器皿一般用干热灭菌。

5.装箱

将准备灭菌的玻璃器材洗涤干净、晾干,用锡箔纸包裹好或放入灭菌专用的铁盒(或铝盒),放入干热灭菌箱,关好箱门。

6.灭菌

接通电源,打开干热灭菌箱排气孔,待温度升至 80~100 ℃时关闭排气孔。继续升温至 160~170 ℃时,开始计时。恒温 1~2 h。

7.灭菌结束后的处理

断开电源,保持通风,自然降温至 60 ℃,方可打开干热灭菌箱门,取出物品放置备用。干热灭菌后温度降得较慢,因此常将灭菌后的玻璃器皿在灭菌箱内过夜后才取出来。

五、注意事项

(1)清洗玻璃器皿时要注意安全,尽量不要破坏玻璃器皿。

(2)任何洗涤方法,都不应对玻璃器皿有所损伤,所以不能用有腐蚀作用的化学药剂,也不能使用比玻璃硬度大的物品来擦拭玻璃器皿。

(3)一般新的玻璃器皿用 2% 的盐酸溶液浸泡数小时,用水冲洗干净。

(4)用过的器皿应立即洗涤,有时放置太久会增加洗涤难度。

(5)难洗涤的器皿不要与易洗涤的器皿放在一起。有油的器皿不要与无油的器皿放在一起,否则使本来无油的器皿也沾上了油垢,浪费药剂和时间。

(6)灭菌的玻璃器皿切不可有水。有水的玻璃器皿在干热灭菌中容易炸裂。

(7)灭菌物品不能堆得太满、太紧,以免影响温度均匀上升。

(8)灭菌物品不能直接放在电烘箱底板上,以防止包装纸或棉花被烤焦。

(9)灭菌温度恒定在 160~170 ℃为宜。温度超过 180 ℃,棉花、报纸会烧焦甚至燃烧。

(10)降温时,需待温度自然降至 60 ℃以下才能打开箱门取出物品,以免因温度过高而骤然降温导致玻璃器皿炸裂。

六、实验报告

检查本次清洗是否彻底,干热灭菌后的器皿是否无菌。

七、思考题

(1)通过本次实验你认识了哪些微生物学实验常用器皿?
(2)简述干热灭菌的操作步骤。

实验二 人工海水的配制

一、实验目的

(1)了解海水的组成及配制原则。
(2)了解海洋中元素的多样性及各种元素的含量差异。
(3)了解海水盐度测定的方法。
(4)了解海水各种含盐量参数的计算方法。

二、实验原理

天然海水中的化学成分较多,主要有 $NaCl$、KCl、$MgSO_4$ 和 Fe、Li、I、Al、Br、Sr 的盐等数十种,将这些化学物质按照一定比例,充分混合在一起,就可以制成使用方便的人工海水盐。使用时,只要将人工海水盐按照一定比例与水兑合,就可以配成与天然海水接近的人工海水。现在国内生产的人工海水盐,其中的 $NaCl$、$MgSO_4$、KCl 是按照 $3:2:1$ 的比例进行混合,占人工海水盐成分的 90%,此外的 10% 是由 20 种微量元素组成。国外产的人工海水盐的成分由 40 种微量元素组成。人工海水盐的成分越齐全,比例越合理,配制成的人工海水越接近于天然海水,人工海水的质量也越好。人工海水配制好的关键,首先是选择质量好的人工海水盐。人工海水盐度为 30,即向 1 000 g(1 L)水中加入 30 g 盐类物质。海水相对密度一般为1.022~1.023。

海水的相对密度、海水的盐度与水温密切相关,只有水温恒定,海水的相对密度和盐度才会稳定。配制人工海水时,先要测出水温,由表 1-1 就可得到盐度,计算出海水盐的使用量,非常方便。

表 1-1 海水相对密度与盐度换算表

相对密度(ρ)	盐度(S)	相对密度(ρ)	盐度(S)	相对密度(ρ)	盐度(S)
1.001 5	2	1.014 1	18.44	1.023 9	31.26
1.001 6	2.03	1.015 2	19.89	1.024 4	31.98
1.002	2.56	1.016	20.97	1.025	32.74
1.003	3.87	1.017 1	22.41	1.025 4	33.26
1.004	5.17	1.018 2	23.86	1.026	34.04
1.005	6.49	1.018 5	24.222	1.026 5	34.7
1.006	7.79	1.019 5	25.48	1.027 1	35.35
1.007	9.11	1.02	26.2	1.028	36.65
1.008 1	10.42	1.021 1	27.65	1.028 5	37.3
1.009	11.73	1.021 5	28.19	1.029	37.95
1.01	12.85	1.022 2	29.09	1.029 5	38.6
1.011 5	15.01	1.022 9	29.97	1.030 5	39.9
1.013	17	1.023 5	30.72	1.031 5	41.2

注:水温(T)高于 17.5 ℃时,$S = 1\ 305 \times (\rho - 1) + (T - 17.5) \times 0.3$;水温($T$)低于 17.5 ℃时,$S = 1\ 305 \times (\rho - 1) - (17.5 - T) \times 0.2$。

三、实验材料

1. 试剂

$NaCl$、$MgSO_4$、H_3BO_3、$CaCl_2$、KCl、KBr 等。

2. 器材

烧杯、玻璃棒、分析天平、电子天平等。

四、实验步骤

(1)Mocledon 海水配方:模拟天然海水,盐度为 33.4,用于配制海洋微生物分离培养基,亦可饲养海水观赏鱼。

(2)将用于人工配制的自来水晾晒一周,待水中氯气挥发尽后备用,或直接用蒸馏水配制。

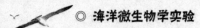

(3)按表 1-2 中所需的量称取海盐,并分别溶解,然后再混合定容至 1 L,即得 1 L 人工海水。

表 1-2   Mocledon 海水配方

成分	含量
NaCl	26.726 g
$MgCl_2$	2.260 g
$MgSO_4$	3.248 g
$CaCl_2$	1.153 g
$NaHCO_3$	0.198 g
KCl	0.721 g
NaBr	0.058 g
H_3BO_3	0.058 g
Na_2SiO_3	0.002 4 g
$Na_2Si_4O_9$	0.001 5 g
H_3PO_4	0.002 g
Al_2Cl_6	0.013 g
NH_3	0.002 g
$LiNO_3$	0.001 3 g
蒸馏水	1 L

五、注意事项

(1)配制海水时,溶解海盐的容器不要用金属容器,一方面易对容器造成腐蚀,另一方面引起反应后会改变海水的离子成分。

(2)刚配制好的海水会比较混浊,属于正常现象,水位达到后即可开启循环系统,消除混浊。

(3)人工海水必须在使用前 24~48 h 调配好。

六、实验报告

(1)用盐度计测定人工海水的实际盐度。

(2)测定海水温度。用移液器量取 5 mL 海水,在分析天平上称重,计算海水的相对密度。

(3)根据海水温度和相对密度,配制一定盐度的海水。

七、思考题

(1)为什么配制人工海水所用的自来水要经过晾晒?

(2)为什么不能直接用金属器皿配制人工海水?

实验三　海洋微生物培养基的制备

一、实验目的

1. 了解培养基的配制原理。
2. 通过对基础培养基的配制,掌握配制培养基的一般方法和步骤。
3. 掌握海洋细菌、放线菌及真菌常规培养基的制备方法。

二、实验原理

培养基是根据微生物生长、繁殖、代谢对营养物质的需要而人工配制的营养基质。自然界中,微生物的种类繁多,具有不同的营养类型,对营养物质的要求也各不相同,实验和研究目的也不一样,因此培养基在组成原料上也各有差异。但是,不同种类和不同组成的培养基中,均应含有满足微生物生长代谢所需的水分、碳源、氮源、无机盐、能源、生长因子以及某些特殊的微量元素等。此外,培养基还应具有微生物适宜生长的酸碱度(pH)、一定的缓冲能力、一定的氧化-还原电位和合适的渗透压。

与陆地相比,海洋环境以高盐、高压、低温和稀营养为特征。海洋微生物长期适应复杂的海洋环境而生存,因而有其独具的特性。为模拟海洋微生物的生境,在分离培养海洋微生物时所用的培养基中需用陈海水或人工海水代替淡水配制培养基。

三、实验材料

1. 试剂

牛肉膏、蛋白胨、NaCl、葡萄糖(蔗糖)、$FePO_4$、琼脂、1 mol/L NaOH 溶液、1 mol/L HCl溶液、可溶性淀粉、KNO_3、$K_2HPO_4 \cdot 3H_2O$、$MgSO_4 \cdot 7H_2O$、$K_2Cr_2O_7$、链霉素、$FeSO_4$、陈海水(天然海水在黑暗中放置数星期)或海盐配制成的海水

(盐度 30)等。

2.器材

试管、三角瓶、烧杯、量筒、玻璃棒、漏斗、电子天平、称量纸、牛角匙、精密 pH 试纸、棉花、牛皮纸、记号笔、麻绳、纱布、培养皿、电炉、电磁炉等。

四、实验步骤

(一)海洋细菌普通培养基 2216E 培养基

2216E 培养基配方:酵母膏 1.0 g、蛋白胨 5.0 g、$FePO_4$ 0.1 g、陈海水 1 000 mL、琼脂 15~20 g(制作固体培养基时添加),pH 7.4~7.6。

(二)真菌培养基

海洋真菌分离培养基配方:葡萄糖 10 g、蛋白胨 5 g、$K_2HPO_4 \cdot 3H_2O$ 1 g、$MgSO_4 \cdot 7H_2O$ 0.5 g、琼脂 15~20 g(制作固体培养基时添加)、陈海水 1 000 mL,自然 pH。在每 100 mL 的真菌分离培养基中加入 0.3 mL 浓度为 1% 的链霉素溶液,使其终浓度为 30 μg/mL。

海洋霉菌分离培养基配方:葡萄糖 10 g、蛋白胨 2 g、酵母膏 1 g、人工海水 1 000 mL、琼脂 20 g、氯霉素 200 mg,pH 3.5~5.5。

海洋酵母分离培养基配方:酵母膏 10 g、蛋白胨 20 g、葡萄糖 20 g、琼脂 15~20 g、陈海水 1 000 mL,pH 6.0。

(三)放线菌培养基

高氏 1 号培养基配方:可溶性淀粉 20.0 g、KNO_3 1.0 g、K_2HPO_4 0.5 g、$MgSO_4 \cdot 7H_2O$ 0.5 g、NaCl 0.5 g、$FeSO_4$ 0.01 g、琼脂 20 g(制作固体培养基时添加)、陈海水 1 000 mL,pH 7.2~7.4。加入 200×10^{-6} 的 $K_2Cr_2O_7$ 溶液。

1.称量药品

药品称量一般先称大量元素,再称微量元素。配制固体培养基时因琼脂加热难溶(常需要 0.5 h 左右),且在加热时容易起泡糊化,因此可先称量琼脂单独加热溶解,再按培养基配方比例依次准确称取蛋白胨、$FePO_4$ 放入烧杯。酵母膏常用玻璃棒挑取,放在称量纸或表面皿称量,用热陈海水溶化后倒入烧杯;也可直接放称量纸上,称量后将有药品的那一面放入水中,加热溶解后,牛肉膏便会与称量纸分离,然后立即用玻璃棒挑出称量纸。

2.加热溶解

在烧杯中加入适量的陈海水,用玻璃棒搅匀后,放在垫有石棉网的电炉上加热使药品溶解,或在电磁炉上加热使其溶解。待药品完全溶解后,再将配方中

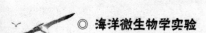

所有的药液混合,用陈海水补充到所需总体积(1 000 mL)。

3. 调 pH

先用精密 pH 试纸测量培养基的原始 pH。如果偏酸,用滴管向培养基中滴加 1 mol/L NaOH 溶液,边加边搅拌,并随时用 pH 试纸测其 pH,直至 pH 达到7.6的要求。反之,用 1 mol/L HCl 溶液进行调节。

4. 过滤

实验室所用的琼脂多数为普通琼脂,里面含有的杂质较多,另一方面,琼脂在加热时也或多或少糊化、焦化,因此加热溶解后的培养基需要用纱布过滤。为防止杂质堵塞纱布网孔,先用一层纱布过滤,再用 2～3 层纱布过滤过滤液,以便于某些特殊实验结果的观察。

5. 分装

按实验要求,可将配制的培养基分装入试管内或者三角烧瓶内。

分装试管,其装量为试管高度的 1/5～1/4,灭菌后制斜面。分装三角瓶的量以三角瓶容积的 50% 为宜,灭菌后要及时倒平板。

6. 塞棉塞

所有装入试管和三角瓶内的培养基在灭菌之前都需封住瓶口。封试管口和三角瓶口可用橡皮塞或普通棉花(非脱脂棉)制作的棉塞,要使棉塞总长约 2/3 塞入试管口或三角瓶口,以防棉塞脱落,同时又便于接种时拔出棉塞。

7. 包扎

试管加塞后以 7 支或 10 支包成一扎,以利于形成一个圆柱。三角瓶加塞后,一个一扎,外包牛皮纸,用麻绳以活结形式扎好,也可用锡箔纸包,以防止灭菌时冷凝水润湿棉塞。最后用记号笔注明培养基名称、组别、配制日期。

五、注意事项

(1)蛋白胨很易吸湿,在称取时动作要迅速,称量完后要立即将试剂瓶盖盖上。

(2)一把牛角匙用于一种药品;或称取一种药品后,洗净、擦干,再用于另一药品称量。

(3)溶解琼脂时要稍多加水。溶解过程中要控制火力,防止起泡溢出。同时需不断搅拌,以防琼脂糊底烧焦。

(4)pH 调节时加量要慢,防止因调过头时回调而影响培养基内各离子的浓度。

(5)分装过程中,注意不要使培养基沾到管口或瓶口上,以免沾污棉塞后又用纱布擦洗管口或瓶口。

(6)要用活结包扎试管和三角瓶,以便能快速拆开包扎用具。

六、实验报告

用图解说明本实验的配制过程,指明实验的要点,并比较不同组别所配的同一种培养基的颜色有何不同,分析其原因。

七、思考题

(1)在分离某一种特定的海洋微生物时,为抑制杂菌的生长,还可在相应的海洋分离培养基中加入何种抑制剂?

(2)实验室为何常选用琼脂作为固体培养基的凝固剂?

(3)配制培养基时为什么要调节 pH?

八、创新思考题

设计实验说明人工海水与陈海水配制的培养基对海洋微生物生长影响的差异。

实验四　高压蒸汽灭菌

一、实验目的

(1)了解高压蒸汽灭菌的基本原理及应用范围。
(2)学习高压蒸汽灭菌锅的操作方法。

二、实验原理

　　高压蒸汽灭菌是一种利用高温(而非压力)进行湿热灭菌的方法,因其操作简便、效果可靠而被广泛使用。其原理是将待灭菌的物品放置在盛有适量水的专用加压灭菌锅内,盖上锅盖,并打开排气阀,通过加热煮沸,让蒸汽驱尽锅内原有的空气,然后关闭锅盖上的阀门,再继续加热,使锅内蒸汽压逐渐上升,温度也相应上升至 100 ℃以上,导致菌体蛋白质凝固变性而达到灭菌的目的。为达到良好的灭菌效果,一般要求温度达到 121 ℃(压力为 1 kg/cm² 或 15 磅/英寸²),时间维持 15～30 min。有时为防止培养基内葡萄糖等成分的破坏,也可采用在较低温度(115 ℃,压力为 0.71 kg/cm² 或 10 磅/英寸²)下维持 35 min 的方法。

　　在同一温度下,湿热的杀菌效力比干热大,其原因有三:一是湿热中细菌菌体吸收水分,蛋白质较易凝固,因蛋白质含水量增加,所需凝固温度降低;二是湿热的穿透力比干热大;三是湿热的蒸汽有潜热存在,每 1 g 水在 100 ℃时由气态变为液态可放出 2.26 kJ 的热量。这种潜热能迅速提高被灭菌物体的温度,从而增加灭菌效力。

　　在使用高压蒸汽灭菌锅灭菌时,灭菌锅内冷空气的排除极为重要。因为空气的膨胀压大于水蒸气的膨胀压,所以,当水蒸气中含有空气时,在同一压力下,含空气蒸汽的温度低于饱和蒸汽的温度。灭菌锅内留有不同分量的空气时,压力与温度的关系见表 1-3。

　　由表 1-3 看出:如不将灭菌锅中的空气排除干净,即达不到灭菌所需的实际

温度。因此,必须将灭菌器内的冷空气完全排除,才能达到完全灭菌的目的。

表 1-3　灭菌压力与温度和空气的关系

压力表读数 /(磅/英寸²)	灭菌锅内温度/℃				
	未排除空气	排除 1/3 空气	排除 1/2 空气	排除 2/3 空气	纯蒸汽
5	72	90	94	100	109
10	90	100	105	109	115
15	100	109	112	115	121
20	109	115	118	121	126
25	115	121	124	126	130
30	121	126	128	130	134

三、实验材料

1.培养基

海洋细菌普通培养基 2216E 培养基、海洋真菌分离培养基、海洋霉菌分离培养基、海洋放线菌培养基等。

2.器材

高压蒸汽灭菌锅等。

四、实验步骤

1.加水

首先将内层灭菌锅取出,再向外层锅内加入适量的水,以水面与三角搁架相平为宜。

2.装料

放回内层灭菌锅,将待灭菌物品放入灭菌锅,盖上一层布防水。注意不要装得太挤,以免妨碍蒸汽流通而影响灭菌效果。三角瓶与试管口端均不要与锅壁接触,以免冷凝水淋湿包口的纸而透入棉塞。

3.加盖

将盖上的排气软管插入内层灭菌锅的排气槽,再以两两对称的方式同时旋紧相对的两个螺栓,使螺栓松紧一致,勿使漏气,同时关上盖上的安全阀和排气阀。

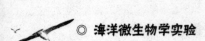

4. 排气

插上电源,加热至 108 ℃左右时打开排气阀。当排出的气流很强并有嘘声时,表明锅内空气已排净。也可将待测气体引入深层冷水中,若只听到噗噗声而无气泡冒出,则证明蒸汽中已不含空气。

5. 升压及保压

关上排气阀,让锅内的温度随蒸汽压力增加而逐渐上升。当锅内压力升至所需压力时,控制热源,或控制排气阀,维持压力至所需时间。常规实验用 1.05 kg/cm² (15 磅/英寸²)、121 ℃、20 min 灭菌即可。

6. 降压

灭菌所需时间到后,切断电源,让灭菌锅内温度自然下降。当压力表的压力降至"0"时,打开排气阀,也可通过排气阀排气使压力快速降至"0",旋松螺栓,打开盖子,取出灭菌物品。

7. 无菌检测

将取出的灭菌培养基放入 37 ℃恒温箱培养 24 h,真菌培养基、放线菌培养基放置 28 ℃过夜培养观察,经检查若无菌生长,即可待用。

8. 搁置斜面

将灭菌的试管培养基冷至 50 ℃左右,将试管口端搁置在玻璃棒或其他合适高度的器具上,搁置的斜面长度以不超过试管总长的 1/2 为宜。

五、注意事项

(1)灭菌的主要因素是温度而不是压力。因此锅内冷空气必须完全排尽后,才能关上排气阀。

(2)注意待灭菌物品不要装得太挤,以免妨碍蒸汽流通而影响灭菌效果。

(3)灭菌所需时间到后,切断电源,让灭菌锅内温度自然下降,当压力表的压力降至"0"时,打开排气阀,旋松螺栓,打开盖子,取出灭菌物品。如果压力未降到"0"时,打开排气阀,就会因锅内压力突然下降,使容器内的培养基由于内外压力不平衡而冲出烧瓶口或试管口,造成棉塞沾染培养基而发生污染。

(4)高压灭菌器灭菌效果是否合格是决定实验成败的最基础、最关键的步骤。除少数培养基只需加热溶解,不需高压灭菌外,大部分培养基均需 121 ℃高压灭菌 15～30 min。尤其是对于无菌实验,培养基灭菌是否彻底直接关系到实验结果。

六、实验报告

检查本次培养基灭菌是否彻底。

七、思考题

(1)灭菌后的培养基倒平板后除可进行无菌检查外,还有何作用?
(2)高压蒸汽灭菌开始之前,为什么要将锅内冷空气排尽?
(3)在使用高压蒸汽灭菌锅时,怎样杜绝一切不安全的因素?
(4)导致灭菌后的培养基长有杂菌的原因有哪些?该怎样处理?

八、创新思考题

为什么干热灭菌比湿热灭菌所需要的温度要高、时间要长?请设计一个比较干热灭菌和湿热灭菌效果的实验方案。

实验五　紫外线杀菌

一、实验目的

了解紫外线杀菌的原理和操作方法。

二、实验原理

　　紫外线由 $100\sim400$ nm 波长范围的光组成,但波长为 $200\sim300$ nm 的紫外线杀菌作用最好,其中以 260 nm 的杀菌力最强。紫外线有杀菌作用,一方面是因为它可以被蛋白质(约 280 nm)和核酸(约 260 nm)吸收,诱导胸腺嘧啶二聚体的形成和 DNA 链的交联,从而抑制 DNA 的复制,使蛋白质的合成受到阻碍;另一方面,由于辐射能使空气中的氧电离成[O],再使 O_2 氧化生成 O_3 或使 H_2O 氧化生成 H_2O_2,O_3 和 H_2O_2 均有杀菌作用。紫外线穿透力能力较差,不能穿过玻璃、衣物、纸张或大多数其他物品,但能够在空气中传播,因而可以用于无菌室、接种箱、手术室内的空气及物体表面的灭菌。紫外线灯距照射物以不超过 1.2 m 为宜。

　　此外,为了加强紫外线杀菌效果,在打开紫外灯以前,为防止微生物的光复活,可用旧报纸将操作台外围遮住,同时在超净工作台内喷洒 $70\%\sim75\%$ 的乙醇溶液或 $3\%\sim5\%$ 的石炭酸溶液,一方面使空气中附着有微生物的尘埃降落,另一方面也可以杀死一部分微生物。

三、实验材料

1.培养基

海洋细菌普通培养基 2216E 培养基、海洋真菌分离培养基、海洋霉菌分离培养基、海洋放线菌培养基等。

2.试剂

3‰～5‰石炭酸溶液、75％乙醇溶液等。

3.器材

超净工作台、喷洒壶等。

四、实验步骤

1.清理台面

移走超净工作台内的杂物,在其内表面喷洒 3%～5% 的石炭酸溶液,放入除菌种之外的实验所用物品,再用报纸将操作台的外表面封围。

2.打开超净工作台

开启电源开关,按下紫外线灯开关,照射 20 min 后关闭紫外线灯。再开鼓风机开关,维持 10～15 min,工作台基本处于无菌状态。工作期间一直保持鼓风(接种产孢子的菌种时最好不要打开鼓风开关,以防止孢子随风飘至菌管外),打开日光灯。工作完毕,关闭鼓风机及日光灯,撤走台内实验物品,并擦干净台面。

3.检测

为了检查紫外线杀菌效果,在超净工作台面的四角和中央放 5 套已经灭菌倾倒好的肉膏蛋白胨培养皿,在超净工作台外同时放 3 套作为对照,打开培养皿盖 10～15 min,然后盖上培养皿盖。置于 37 ℃培养 24～48 h,检查每个培养皿上生长的菌落数。如果不超过 4 个,说明灭菌效果良好;否则,需延长照射时间或同时加强其他措施。

五、注意事项

(1)因紫外线对眼结膜及视神经有损伤作用,故不能直视紫外线灯光。

(2)应对紫外线灯管进行照射强度监测。新灯管的照射强度不得低于 100 mW/cm²,使用中灯管不得低于 70 mW/cm²。照射强度监测应每半年进行一次。

六、实验报告

记录超净工作台内、外培养皿内的菌落数。

七、思考题

(1)细菌营养体细胞和细菌芽孢对紫外线的抵抗力一样吗？为什么？

(2)紫外线灯管是用什么玻璃制作的？为什么用这种玻璃制作？

(3)在紫外灯下观察实验结果时,为什么要隔一块普通玻璃？

(4)紫外线杀菌的适用范围有哪些？紫外线杀菌时,需要注意哪些事项？

八、创新思考题

设计实验说明紫外线杀菌时间对杀菌效果的影响。

实验六　海洋微生物的分离与纯化

一、实验目的

(1)学习从海洋环境中分离纯化微生物的方法。
(2)掌握菌悬液制作的方法。
(3)掌握倒平板的方法和几种分离纯化微生物的基本操作技术。

二、实验原理

　　海洋环境中混杂着大量的微生物,为了研究某种微生物的特性,或者大量培养和利用某一种微生物,必须事先从混杂的微生物类群中分离它,获得只含有这一种微生物的纯培养。获得纯培养的方法,称为微生物的纯种分离法,这一过程称为微生物的分离和纯化。

　　要想从含有多种微生物的样品中直接辨认出并且取得某种所需微生物的个体,进行纯培养,是困难的事情。微生物可以形成菌落,而每个单一菌落很可能是由一种个体繁殖而成,不同微生物的菌落是可以识别和加以鉴定的。因此将样品中不同微生物个体在特定的培养基上培养出不同的单一菌落,再从选定的某一所需菌落中取样,移植到新的培养基中,就可以达到分离纯种的目的。这也就是常用纯种分离法的原理。

　　为了获得海洋某种微生物的纯培养,可借助陆源微生物的分离方法,即可根据该微生物对营养、酸碱度、氧等条件的要求,而供给它适宜的培养条件,或加入某种抑制剂使之不影响分离菌种,而抑制其他非目的菌的生长,从而筛选出所需要的菌种。为达到这个目的,常用稀释平板分离法和平板划线分离法、涂布法等。有条件的单位也可用显微操纵器单细胞分离法。针对不同的分离材料和条件,可以采用不同的分离方法。但无论哪一种方法(单细胞分离法除外),都得经过多次分离才能获得纯菌株。

三、实验材料

1. 培养基

海洋细菌普通培养基 2216E 培养基、海洋真菌分离培养基、海洋霉菌分离培养基、海洋放线菌培养基等。

2. 试剂

10％石炭酸溶液、链霉素、$K_2Cr_2O_7$ 等。

3. 器材

盛 9 mL 无菌水的试管、盛 90 mL 无菌水并带有玻璃珠的三角烧瓶、无菌涂布器、无菌吸管或移液器、接种环、无菌培养器皿、土样等。

4. 样品

海泥。

四、实验步骤

1. 倒平板

将灭菌后的 4 种培养基冷至 55～60 ℃时,在海洋放线菌培养基中加入数滴 10％的石炭酸溶液或 K_2CrO_7,在海洋真菌培养基中加入链霉素(30 μg/mL),振荡均匀,然后分别倒平板。其方法是右手持盛培养基的三角烧瓶,置于酒精灯火焰旁边;左手拿培养皿并松动瓶塞,用手掌边缘、手心和小指夹住瓶塞拔出(图 1-1)。如果三角烧瓶内的培养基一次可用完,则瓶塞不必夹在手指中,可直接放在操作台上。瓶口在火焰上灼烧,然后左手的拇指和无名指将培养皿盖在火焰附近打开一缝,迅速倒入培养基 15～20 mL,一般盖住培养皿底稍多一点即可,加盖后在操作台上轻轻旋转移动培养皿,使培养基均匀分布,平置于桌面上,待冷凝后即成平板。最好是将平板放室温 2～3 d,或 37 ℃培养 24 h,检查无菌落及培养皿盖无冷凝水后再使用。

图 1-1　倒平板

2.制备土壤稀释液

称取海泥样品 10 g,放入盛有 90 mL 无菌海水并带有玻璃珠的三角烧瓶,涡旋振荡 5 min,使土样与无菌海水充分混合。用一支 1 mL 无菌吸管从混合液中吸取 1 mL 悬液加入盛有 9 mL 无菌水的大试管,充分混匀。然后换一支无菌吸管放进此大试管,来回吹吸几次后,再吸取 1 mL 加入另一个盛有 9 mL 无菌海水的大试管中,混合均匀。以此类推,制成 10^{-1}、10^{-2}、10^{-3}、10^{-4}、10^{-5}、10^{-6}、10^{-7}、10^{-8}、10^{-9} 不同稀释度的土壤悬液(图 1-2)。具体稀释到多少倍,要看样品中微生物的含量,含量高则稀释倍数就高,含量少则稀释倍数可低一点。

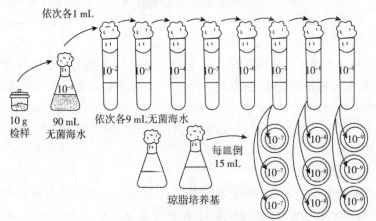

图 1-2　检样的稀释方法

3.分离方法

方法一:平板划线分离

(1)右手持接种环于酒精灯上烧灼灭菌,待冷。

(2)无菌操作取混合菌液,用灭菌的接种环取菌液一环。

(3)划 A 区:将平板倒置于酒精灯旁,左手拿培养皿的底部并尽量使平板

23

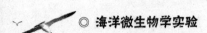

垂直于桌面,有培养基的一面向着酒精灯(这时皿盖朝上,仍留在酒精灯旁),右手拿接种环先在 A 区从培养皿的一端划向另一端,划 3～4 条连续的平行线(线条多少应依挑菌量的多少而定)。划完 A 区后应立即烧掉环上的残菌,以免因菌过多而影响后面各区的分离效果。在烧接种环时,左手持皿底并将其覆盖在皿盖上方(不要放入皿盖),以防止杂菌的污染。

(4) 划其他区:将烧去残菌后的接种环在平板培养基边缘冷却一下,并使 B区转到上方,接种环通过 A 区(菌源区)将菌带到 B 区,随即划数条致密的平行线。再从 B 区做 C 区的划线。最后经 C 区做 D 区的划线。D 区的线条应与 A区平行,但划 D 区时切勿重新接触 A、B 区,以免两区中浓密的菌液带到 D 区,影响单菌落的形成。随即将培养皿盖合上,烧去接种环上的残菌(图 1-3①、图 1-3②)。也可从平板的一顶端划"之"字形到平板的另一端,即一线法(图 1-4)。

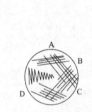
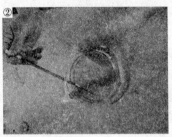
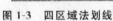

图 1-3　四区域法划线　　　　图 1-4　一线法

方法二:稀释平板分离法——倾注法分离

将每种培养基的 3 个平板背面分别用记号笔写上最后 3 个稀释度的浓度标记,然后按无菌操作要求,将最后 3 个稀释度的菌悬液接入对应培养皿(每个培养皿接入 1 mL),再向每个培养皿倾注15～20 mL相应的培养基,合上皿盖,放置操作台上来回旋转 3～4 次,以使菌液与培养基充分混合均匀,待培养基冷凝后取出培养。

方法三:涂布接种

将每种培养基的 3 个平板背面分别用记号笔写上最后 3 个稀释度的浓度标记,然后用无菌吸管分别从最后 3 个稀释度菌液管中各取 0.1 mL 对号放入已标好稀释度的平板,用无菌涂布器在培养基表面轻轻地涂布均匀(图 1-5),室温下静置 5～10 min,使菌液吸附进培养基后,再放入恒温培养箱培养。

图 1-5　涂布分离

4.培养

海洋放线菌培养基平板、海洋真菌培养基平板倒置于 25～28 ℃恒温培养箱中培养 4～5 d,海洋细菌培养基平板倒置于 37 ℃恒温培养箱中培养 1～2 d。

5.挑菌

将培养后长出的单个菌落分别挑取少许菌接种到 3 种培养基的斜面上,分别置于 28 ℃和37 ℃恒温培养箱中培养,待菌落长出后,检查其特征是否一致,同时将细胞涂片染色后用显微镜检查是否为单一的微生物。若发现有杂菌,需要再一次进行分离、纯化,直到获得纯培养。

五、注意事项

(1)超净工作台在使用前要紫外线消毒、酒精消毒等。

(2)取菌种前应灼烧接种针或接种环(要烧红)。

(3)烧红的接种针或接种环冷却后再取菌种,以免烧死菌种。

(4)平板划线分离时,每换一个区域划线前,都得应先将接种环彻底灭菌。

(5)在接种时,需要在酒精灯旁操作,以维持一个相对无菌的环境。接种环与试管口不得任意放在桌上或与其他物品相接触。

(6)平板或斜面的划线要迅速、轻捷,不要划破培养基。

六、实验报告

检查每个平板划线分离的结果,并绘制菌苔、菌落分布草图。

七、思考题

(1)分离海洋中的细菌、放线菌和真菌有哪些备用的分离培养基?

(2)请你根据所制备的 4 种培养基的平板上长出的菌落特征,判断所分离菌种分别属于哪个类群?

(3)为什么在平板接种时,每区每次划线之前都要灼烧接种环? 在划线操作结束时,仍然需要灼烧接种环吗? 为什么?

八、创新思考题

(1)请设计一个从海泥中分离稀有放线菌的实验方案。

(2)如何确定平板上某单个菌落是否为纯培养? 请写出实验的主要步骤。

(3)请设计实验了解三亚红树林土壤中微生物的多样性。

实验七　非丝状细胞微生物的接种活化

一、实验目的

(1)掌握不同性状的培养基接种活化的方法。
(2)了解不同的微生物在固体、半固体、液体培养基中的生长特征。
(3)进一步熟练掌握微生物无菌操作技术。

二、实验原理

微生物接种技术是进行微生物实验和相关研究的基本操作技能,其关键在于无菌操作。通过无菌操作将微生物或微生物悬液引入新鲜培养基的过程就叫接种;接种后微生物大量增加,这实际上也是活化菌种的过程。

由于实验目的、培养基种类及实验器皿等不同,所用接种方法不尽相同,基本上有斜面接种、液体接种和穿刺接种 3 种方法,它们主要用来检验不同微生物的培养特征。通常接种都应在空气经过消毒灭菌过的接种室、接种箱或超净工作台内进行。

三、实验材料

1. 菌种

未知菌为上一个实验分离的菌种,已知菌为铜绿假单胞菌(*Pseudomonas aeruginosa*)、海洋红酵母(*Rhodotorula benthica*)、紫色小单胞菌(*Micromonosprora purpurea*)、产黄青霉(*Peniciuium chrysogenum*)。

2. 培养基

2216E 斜面及平板培养基、真菌斜面及平板培养基、霉菌斜面及平板培养基、放线菌斜面及平板培养基。斜面与纯化菌种用的平板培养基均未添加抑制剂。

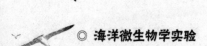

3.器材

接种环、接种针、接种钩、镊子、酒精灯、火柴、酒精棉、试管架、标签纸、恒温培养箱、超净工作台等。

四、实验步骤

（一）准备工作

用5%的石炭酸溶液喷雾灭菌，把需要接种的用具及待接培养基一并放进超净工作台，打开紫外灯照射 20～30 min。接种前先用 75% 酒精或新洁尔灭擦手，菌种试管表面同样用酒精擦后再放入超净工作台。

（二）接种技术

1.试管菌种转接

试管菌种转接(图1-6)主要用于菌种的保藏与活化。

(1)将菌种管与待接管依次排列，夹于左手的拇指与其他四指之间，用右手的无名指与小指和手掌边缘拔出棉塞并夹住。

(2)置试管口于酒精灯火焰附近。

(3)将接种工具垂直插入酒精灯火焰烧红，再横过火焰 3～4 次，然后再放入菌种管，在管壁上停留片刻待其冷却。

(4)取少许菌种置于待接管中，按一定的接种方式把菌种接种到新的培养基上。

(5)取出接种工具，试管口和棉塞在火焰上旋转灼烧灭菌。

(6)重新用灭好菌的棉塞塞住试管口。

(7)烧死接种工具上的残余菌，把试管和接种工具放回原处。

(8)在斜面管口写明菌种名称、日期，将细菌放置于 37 ℃恒温培养箱培养 18～24 h，其他菌放置于 28～30 ℃恒温培养箱培养 3～5 d。

(9)观察记录每一种菌的固体斜面培养特征。

1.拿待接管与菌种管;2.灼烧接种环;3.准备取菌;4.灼烧管口;5.取菌;6.接种至待接管;
7.划线接种;8.灼烧棉塞;9.塞上棉塞;10.灼烧接种环;11.塞紧棉塞。

图 1-6 试管细菌菌种转接

2.试管菌种接种到平板培养基

试管菌种转接到平板培养基主要用于菌种的分离、纯化。

(1)左手持试管菌种,右手松动试管棉塞,灼烧接种工具。

(2)右手小指与手掌边缘取下棉塞,取菌,打开培养皿盖。

(3)将菌种接种到平板培养基上,采用平板划线法(分区划线或连续划线),然后立即盖上培养皿盖。

(4)在酒精灯火焰上灼烧接种工具灭菌。

(5)棉塞过火,重新塞入试管。

(6)在培养皿底写明菌种名称、日期,细菌平板倒置于 37 ℃恒温培养箱培养 18~24 h,其他菌平板倒置于 28~30 ℃恒温培养箱培养 3~5 d。

(7)观察记录每一种菌的平板培养特征。

3.液体培养基接种

液体培养基接种主要用于微生物的增菌培养和生理代谢研究。

(1)用灭菌的接种环挑取菌种迅速移到液体培养基管中,涂于接近液面的倾斜的管壁上,并轻轻摩擦,使菌体从环上脱落下来,混进液体培养基。若接种量大或要求定量接种时,可将无菌水或液体培养基注入菌种试管,用接种环将菌苔刮下,再将菌种悬液以无菌吸管定量吸出加入,或直接倒入液体培养基。

(2)灼烧接种工具,放回原处。菌种管和接种管管口经火焰灭菌后,塞上棉

塞,摇动接种管,使菌体在液体中分布均匀。

(3)在接种管壁上写明菌种名称、日期,分别将细菌接种管直立于 37 ℃恒温培养箱培养 18～24 d,酵母菌直立于 28～30 ℃恒温培养箱培养 3～5 d。

(4)观察记录每一种菌在液体培养基中的特征。

4.半固体培养基接种

半固体培养基接种主要用于检查细菌的运动性。

(1)按试管菌种转接法握持菌种管和半固体培养基管,靠近火焰。

(2)将接种针在火焰上烧灼灭菌,冷却后从菌种管中挑取少许菌苔,迅速移至半固体培养基管中。

(3)将接种针从培养基中央垂直刺入至管底 3/4 处,然后沿穿刺线将针拔出。

(4)试管口经火焰灭菌后,塞上棉塞。灼烧接种针。

(5)在半固体培养基管上写明菌种名称、日期,分别将细菌接种管直立于 37 ℃恒温培养箱培养 18～24 h,其他菌直立于 28～30 ℃恒温培养箱培养 3～5 d。

(6)观察记录每一种菌在半固体培养基中的特征。

五、注意事项

(1)实验前必须清扫室内,关闭实验室的门窗,并用消毒剂进行空气消毒处理,尽可能地减少杂菌的数量。

(2)打开培养皿的时间应尽量短。

(3)用于接种的器具必须经干热或火焰等灭菌。接种环的火焰灭菌方法:通常接种环在火焰上充分烧红(接种柄,一边转动一边慢慢地来回通过火焰3 次),冷却,先接触一下培养基,待接种环冷却到室温后,方可用它来挑取含菌材料或菌体,迅速地接种到新的培养基上。然后,将接种环从柄部至环端逐渐通过火焰灭菌,复原。不要直接烧环,以免残留在接种环上的菌体爆溅而污染空间。

(4)固体穿刺接种时,接种针不能在培养基中左右移动。

(5)平板接种时,只把培养皿的盖打开一小部分。

(6)接种完毕后将接种环抽出,灼烧一下管口,塞上棉塞。塞棉塞时请勿用试管口去迎棉塞,以免试管在流动空气中纳入不洁空气。

六、实验报告

详细记录实验中各种微生物在斜面上、平板上、半固体及液体培养基中的培养特征。

七、创新思考题

(1)若采用常规陆源微生物培养基接种活化海洋微生物,会对海洋微生物的培养特征产生影响吗? 请设计一个实验来证实你的结论。

(2)请设计实验,应用影印接种的方法分离近岸海泥中的微生物。

实验八 微生物菌落形态的观察

一、实验目的

(1)熟悉微生物菌落的形态特征。

(2)利用微生物菌落形态特征初步了解微生物的种类。

二、实验原理

菌落是由某一微生物的少数细胞或孢子在固体培养基表面繁殖后所形成的子细胞群体,因此,菌落形态在一定程度上是个体细胞形态和结构在宏观上的反映。每一大类微生物都有其独特的细胞形态,因而其菌落形态特征也各异。通过观察这些特征,来区分各大类微生物及初步识别、鉴定微生物,方法简便快速,在科研和生产实践中常被采用。

三、实验材料

1.菌落

已知菌落:铜绿假单胞菌、海洋红酵母、紫色小单胞菌、产黄青霉;未知菌落:从海泥中分离的微生物。

2.培养基

海洋细菌普通培养基 2216E 培养基、海洋真菌分离培养基、海洋霉菌分离培养基、海洋放线菌培养基等。

四、实验步骤

1.制备已知微生物单菌落

已知细菌直接用接种环采用四区划线法;放线菌用接种环取其孢子,制成菌悬液,用平板划线的方法获取其单菌落进行观察;霉菌用灭菌接种针或无菌

长镊子取菌丝放置平板中央的三处,使其成三角,即通常所说的三点接种法,获其单菌落。

2.未知微生物单菌落

选择实验六中试管菌种接种到平板培养基所获得的各类微生物的单菌落进行肉眼观察。

3.培养与观察

细菌平板放于 37 ℃恒温培养 24～48 h。酵母菌平板置于 28 ℃培养 2～3 d。霉菌和放线菌置于 28 ℃培养 3～5 d。待长成菌落后,观察并记录菌落的形状、大小、表面结构、边缘结构、高度、颜色、透明度、气味、黏度、质地软硬情况、表面光滑与粗糙情况等,区分细菌、酵母菌、放线菌、霉菌的菌落形态特征。

五、注意事项

(1)每张实验台上各有一套已知菌落和未知菌落,观察时请勿随意搬动,以免搞混菌号。

(2)观察和判断菌落大小时,要注意单菌落在平板上分布疏密的情况,一般分布密集处的菌落小,分布稀疏处的菌落大。

六、实验报告

将平板上培养的已知菌落和未知菌落的特征分别填入表 1-4。

表 1-4　菌落形态观察记录表

菌名称/菌落号	湿		干		菌落描述						透明度
	厚或薄	大或小	松或密	大或小	表面	边缘	隆起形状	颜色			
								正面	反面	水溶性色素	

七、思考题

比较细菌、放线菌、酵母菌和霉菌菌落形态的差异，分析形成差异的原因。

实验九　光学显微镜的构造及使用方法

一、实验目的

(1)了解显微镜的构造、性能及成像原理。
(2)掌握显微镜的正确使用及维护方法。

二、实验材料

显微镜、细菌标本片、香柏油、二甲苯、擦镜纸。

三、普通光学显微镜简介

微生物最显著的特点就是个体微小,必须借助显微镜才能观察到它们的个体形态和细胞结构。熟悉显微镜并掌握其操作技术是研究微生物不可缺少的手段。

显微镜可分为电子显微镜和光学显微镜两大类。光学显微镜包括明视野显微镜、暗视野显微镜、相差显微镜、偏光显微镜、荧光显微镜、立体显微镜等。其中明视野显微镜为最常用的普通光学显微镜,其他显微镜都是在此基础上发展而来的,基本结构相同,只是在某些部分做了一些改变。明视野显微镜简称显微镜。

(一)显微镜的构造

普通光学显微镜的构造可以分为机械系统和光学系统两大部分(图 1-7)。

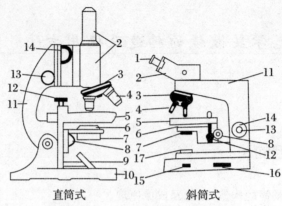

直筒式　　　　　　　斜筒式

1.目镜;2.镜筒;3.转换器;4.物镜;5.载物台;6.聚光器;7.虹彩光圈;8.反光镜调节钮;9.反光镜;
10.底座;11.镜臂;12.标本片移动钮;13.细调焦旋钮;14.粗调焦旋钮;15.电源开关;16.光亮调节钮;17.光源。

图1-7　显微镜构造

1.机械系统

底座(Base):在显微镜的底部,呈马蹄形、长方形、三角形等。

镜臂(Arm):连接镜座和镜筒之间的部分,呈圆弧形,作为移动显微镜时的握持部分。

镜筒(Tube):位于镜臂上端的空心圆筒,是光线的通道。镜筒的上端可插入接目镜,下面可与转换器相连接。镜筒的长度一般为160 mm。显微镜分为直筒式和斜筒式;有单筒式的,也有双筒式的。

转换器(Nosepiece):位于镜筒下端,是一个可以旋转的圆盘。有3~4个孔,用于安装不同放大倍数的接物镜。

载物台(Stage):是支持被检标本的平台,呈方形或圆形。中央有孔可透过光线,台上有用来固定标本的夹子和标本移动器。

调焦旋钮:包括粗调焦旋钮(Coarse adjustment knob)和细调焦旋钮(Fine adjustment knob),是调节载物台或镜筒上下移动的装置。

2.光学系统

接物镜(Objective lens),常称为镜头,简称物镜,是显微镜中最重要的部分,由许多块透镜组成。其作用是将标本上的待检物进行放大,形成一个倒立的实像。物镜表面标有放大倍数等(图1-8)。一般显微镜有3~4个物镜,根据使用方法的差异可分为干燥系和油浸系两组。干燥系物镜包括低倍物镜(4×~10×)和高倍物镜(40×~45×),使用时物镜与标本之间的介质是空气;油浸系物镜(90×~100×)在使用时,物镜与标本之间加有一种折射率与玻璃折射

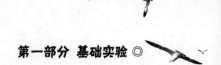

率几乎相等的油类物质(香柏油)作为介质。

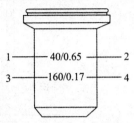

1.放大倍数;2.数值孔径;3.镜筒长度要求;4.指定盖玻片厚度。

图1-8 物镜的各种标记

接目镜(Eyepiece lens):通常称为目镜,一般由2~3块透镜组成。其作用是将由物镜所形成的实像进一步放大,并形成虚像而映入眼帘。一般显微镜的标准目镜是10×。

聚光镜(Condenser):位于载物台的下方,由两个或几个透镜组成,其作用是将由光源来的光线聚成一个锥形光柱。聚光镜可以通过位于载物台下方的聚光镜调节钮进行上下调节,以求得最适光度。聚光器还俯有虹彩光圈(Iris diaphragm),可调节锥形光柱的角度和大小,以控制进入物镜的光的量。

反光镜:反光镜是一个双面镜,一面是平面,另一面是凹面,起着使外来光线变成平行光线进入聚光镜的作用。使用内光源的显微镜不需反光镜。

光源:日光和灯光均可。以日光较好,其光色和光强都比较容易控制。有的显微镜采用装在底座内的内光源。

(二)显微镜的成像原理

显微镜的放大作用是由物镜和目镜共同实现的。标本经物镜放大后,在目镜的焦平面上形成一个倒立实像,再经目镜进一步放大形成一个虚像,被人眼所观察到(图1-9)。

在使用油浸系物镜的显微镜中,载玻片与镜头之间多用香柏油作介质。因香柏油的折射率($n=1.51$)与玻璃的折射率($n=1.52$)几乎相等,故透过载玻片的光线通过香柏油后,直接进入物镜而不发生折射。干燥系与油浸系两组物镜光线通路的区别如图1-10所示。

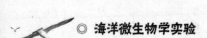
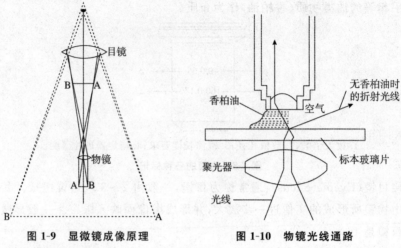

图 1-9　显微镜成像原理　　　图 1-10　物镜光线通路

（三）显微镜的性能

1. 分辨率和数值口径

衡量显微镜性能好坏的指标主要是显微镜的分辨率。显微镜的分辨率（Resolving power）是指显微镜将样品上相互接近的两点清晰分辨出来的能力。它主要取决于物镜的分辨能力，物镜的分辨能力是所用光的波长和物镜数值口径的函数。分辨率用镜头所能分辨出的两点间的最小距离（D）表示，距离越小，分辨能力越好，见公式（1-1）。

$$D=\frac{1}{2}\times\frac{\lambda}{\mathrm{NA}}$$

(1-1)

在公式（1-1）中，NA 表示物镜的数值口径（Numberical aperture），即从聚光镜发出的锥形光柱照射在观察标本上，能被物镜所聚集的量，可用公式（1-2）表示。

$$\mathrm{NA}=n\cdot\sin\theta$$

(1-2)

其中，n 表示标本和物镜之间介质的折射率；θ 表示由光源投射到透镜上的光线与光轴之间的最大夹角。

光线投射到物镜的角度越大，数值口径就越大。如果采用一些高折射率的物质作介质，如使用油镜时采用香柏油作介质，则数值口径增大，从而提高分辨能力。物镜镜筒上标有数值口径，低倍镜为 0.25，高倍镜为 0.65，油浸镜为 1.25。这些数值是在其他条件都适宜的情况下的最高值，实际使用时，往往低于所标的值。

2.放大倍数、焦距和工作距离

显微镜的放大倍数是物镜和目镜放大倍数的乘积。放大倍数一样时,由于目镜和物镜搭配不同,其分辨率也不同。一般来说,增加放大倍数应该是尽量用放大倍数高的物镜。物镜的放大倍数越高,焦距越短,物镜与样品之间的距离(工作距离)便越短。

四、实验步骤

1.观察前的准备

显微镜的安置:取放显微镜时应一手握住镜臂、一手托住底座,使显微镜保持直立、平稳。置显微镜于平整的实验台上,镜座距实验台边缘 3~4 cm。镜检时姿势要端正。

接通电源。根据所用物镜的放大倍数,调节光亮调节钮和虹彩光圈的大小,使视野内的光线均匀、亮度适宜。

2.显微观察

采用白炽灯为光源时,应在聚光镜下加一蓝色的滤色片,除去黄光。一般情况下,对于初学者,进行显微观察时应遵从低倍镜到高倍镜再到油浸镜的观察程序,因为低倍镜视野较大,易发现目标及确定检查的位置。

(1)低倍镜观察:将做好的细菌标本片固定在载物台上,用标本夹夹住,移动标本片移动钮,使观察对象处在物镜的正下方。调节转换器,将 10× 物镜调至光路中央。旋转粗调焦旋钮,将载物台升起,从侧面注视,小心调节物镜,使其接近标本片,然后用目镜观察。慢慢降载物台,使标本在视野中初步聚焦,再旋转细调焦旋钮,使图像清晰。通过标本片移动钮慢慢移动玻片,认真观察标本各部位,找到合适的目的物,仔细观察并记录所观察的结果。调焦时只应降载物台,以免一时的误操作而损坏镜头。无论使用单筒显微镜或双筒显微镜均应双眼同时睁开观察,以减少眼睛的疲劳,也便于边观察边绘图记录。

(2)高倍镜观察:在低倍镜下找到合适的观察目标并将其移至视野中心,轻轻转动转换器,将高倍镜移至工作位置。对聚光镜光圈及视野亮度进行适当调节后,微调细调焦旋钮使物像清晰,仔细观察并记录。如果高倍镜和低倍镜不同焦,则按照低倍镜的调焦方法重新调节焦距。

(3)油镜观察:在高倍镜或低倍镜下找到要观察的样品区域,用粗调焦旋钮先降载物台,然后将油镜转到工作位置。在待观察的样品区域加一滴香柏油,

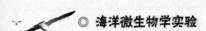

从侧面注视,用粗调焦旋钮小心地将镜筒下降,使油镜浸在香柏油并几乎与标本片相接。将聚光镜升至最高位置并开足光圈,用粗调焦旋钮将镜筒徐徐上升,当视野中有一闪而过的物像出现,再用细调焦旋钮校正焦距,慢慢地来回旋转,直到视野中重新出现清晰图像为止。

3.镜检完成后的工作

(1)观察结束后,先降载物台,取下载玻片。

(2)用擦镜纸分别擦拭物镜和目镜。用擦镜纸拭去镜头上的油,然后用擦镜纸蘸少许二甲苯擦去镜头上残留的油迹,再用干净的擦镜纸擦去残留的二甲苯。

(3)清洁显微镜的金属部件。

(4)将各部分还原,将物镜转成"八"字形,把聚光镜降下,以免物镜和聚光镜发生碰撞。

(5)套上镜罩,把显微镜放回原处。

五、注意事项

(1)观察任何标本时,都必须先使用低倍镜,因为其视野大,易发现目标和确定要观察的部位。

(2)为了使物像更加清晰,可使用细调焦旋钮,轻微转动到物像清楚为止。但切忌连续转动多圈,以免损坏仪器。当细调焦旋钮转不动时,说明已升降到极限,不可硬拧,需重新调整粗调焦旋钮,使物镜与标本间的距离稍微拉开,然后再旋转细调焦旋钮直至物像清晰。

(3)在使用油浸镜前,必须先用低倍镜找到被检物体,再用高倍镜调焦,待被检物体移至视野中央后,再换油镜观察。

(4)发现物镜或目镜不清洁时,要用擦镜纸沿直线方向擦拭。切不可用手指、手帕、棉布等擦拭,以免划坏或沾污镜头。若镜头上有油污,可先用擦镜纸沾少许二甲苯或无水乙醇擦拭,然后再用干净擦镜纸擦拭。

(5)观察完毕,必须退回低倍镜,然后取下标本片,切不可在高倍镜或油镜下取标本片。

六、实验报告

(1)对照实物画图,熟悉显微镜的构造。

(2)分别在低倍镜、高倍镜及油镜下观察标本片上的菌种,并绘图记录观察结果。

七、思考题

(1)为什么在用高倍镜和油镜观察标本之前要先用低倍镜进行观察?

(2)哪个物镜的工作距离最短?有哪些部件可以调节视野中光的强弱?

(3)有哪些方法可以提高显微镜的分辨率?

实验十　细菌的经典革兰氏染色与形态观察

一、实验目的

(1)了解并掌握细菌简单染色与革兰氏染色的原理及技术。

(2)掌握革兰氏染色的方法。

(3)进一步学习用油镜观察细菌细胞的形态,并能根据染色结果判断细菌的属性。

(4)了解革兰氏染色法在细菌分类鉴定中的重要性。

二、实验原理

单染色法是用单一染色剂对细菌进行染色的方法。此法操作简便,适用于菌体一般形态的观察。由于细菌细胞小而透明,直接把菌体置于水滴内用光学显微镜观察,则会因菌体和背景没有显著的明暗色差,导致看不清菌体的形态。因而观察细菌的结构形态时,常先将细菌染色后,借助于在光学显微镜下菌体颜色的反衬作用观察菌体的形状和结构。

在中性、碱性或弱酸性溶液中,细菌通常带负电荷,所以常用碱性染料进行染色。常用的亚甲蓝、结晶紫、碱性复红、番红(又称沙黄)、孔雀绿等都属于碱性染料。

简单染色只能观察细菌的形态,不能区分细菌的属性。革兰氏染色不仅能观察到细菌的形态,还可将所有细菌区分为两大类。此法属于细菌学中最重要的鉴别染色法,是1884年由丹麦病理学家 Christain Gram 创立的。

革兰氏染色的基本步骤:先用结晶紫初染、碘液媒染,再用95％乙醇脱色,最后用番红复染。经过此法染色后,保留初染剂蓝紫色的细菌为革兰氏阳性菌,染上复染的红色的细菌为革兰氏阴性菌。大肠杆菌是标准的革兰氏阴性菌,金黄色葡萄球菌是标准的革兰氏阳性菌。

革兰氏染色的原理与细菌细胞壁的化学组成和结构有关。经结晶紫初染以后,所有的细菌都被染成蓝紫色。碘作为媒染剂,能与结晶紫结合形成复合物,从而增强了染料与细菌的结合力。当用乙醇脱色时,两类细菌的脱色效果是不同的:革兰氏阳性菌的细胞壁主要由肽聚糖形成的网状结构组成,壁厚,类脂含量低,用乙醇脱色处理时细胞壁脱水,使肽聚糖层的网状结构孔径缩小、透性降低,从而使结晶紫-碘的复合物不易被洗脱而保留在细胞内;革兰氏阴性菌的细胞壁中,肽聚糖层在内层且较薄,类脂含量高,所以当脱色处理时,类脂被乙醇溶解,细胞壁透性增加,使结晶紫-碘的复合物被洗脱出来,用番红复染时染上红色。

三、实验材料

1.菌种

已知菌种为枯草芽孢杆菌(*Bacillus subtilis*)、铜绿假单胞菌;未知菌种为从海泥中分离的细菌。

2.染料

亚甲蓝、草酸铵结晶紫染液、鲁氏碘液、95%酒精、番红染液等。

3.其他

显微镜、载玻片、接种环、酒精灯、无菌水、香柏油、二甲苯、擦镜纸、吸水纸等。

四、实验步骤

(一)简单染色

1.细菌的活化

将细菌接种到2216E琼脂斜面培养基上,37 ℃培养约24 h。

2.涂片

在洁净无脂的载玻片中央滴一小滴蒸馏水(图1-11),用接种环以无菌操作从供试菌种斜面上挑取少许菌苔于水滴中,混匀并涂成薄膜,涂布面积以不超过载玻片两边缘为准。

1.滴水;2.取菌;3.涂菌;4.火焰固定;5.滴结晶紫染液;6.水洗染液;7.烘干;8.滴碘液;
9.水洗染液;10.烘干;11.滴番红染液;12.吸干。

图 1-11 细菌染色标本制作及染色过程

3.干燥

可于室温下自然干燥,但太慢,实验中常用火焰烘干。

4.固定

手执载玻片一端,使涂菌一面向上,通过火焰来回 2～3 次。此操作也称热固定,其目的是使细胞质凝固,以固定细胞形态,并使之牢固附着在载玻片上。

5.染色

将涂片置于水平位置,滴加结晶紫染色液(以刚好覆盖涂片薄膜为宜),染色 1 min 左右。

6.水洗

倾去染液,斜置载片,用自来水的细水流由载片上端流下,不得直接冲洗在涂菌处,直至载玻片上流下的水为无色时为止。

7.干燥

自然干燥,或烘干,也可用滤纸吸干后再稍稍加热,注意不要擦掉菌体。

8.镜检

待标本片完全干燥后,先用低倍镜和高倍镜观察,将典型部位移至视野中央,再用油镜观察。对于球菌,主要观察球菌的大小、排列方式。对于杆菌,主要观察长宽比、两端形状、两端是否等宽、排列方式、是否产芽孢等。

(二)革兰氏染色

(1)涂片、干燥、固定方法同简单染色。

(2)染色:

①初染:于制片上滴加结晶紫染液,染色 $1\sim2$ min 后,用水洗去剩余染料。

②媒染:用碘液冲去残水,并用碘液覆盖 $1\sim2$ min,水洗。

③脱色:用滤纸吸去载玻片上的残水,将载玻片倾斜,在白色背景下,直接用95%酒精从载玻片上端冲洗脱色,直到流下的液体无明显的紫色时,立即水洗。乙醇的浓度、用量及涂片厚度都会影响脱色速度。脱色是革兰氏染色中最关键的一步。

④复染:滴加番红染液,染色 $1\sim2$ min,水洗。

(3)用滤纸吸干,油镜镜检。

五、注意事项

(1)载玻片要洁净无脂,否则菌液涂不开。

(2)涂片时,滴水不要过多,挑菌量宜少,涂膜宜薄。

(3)热固定时,涂片要在酒精灯火焰的高上方,以手心放在火焰上方不是太烫手为适宜温度,否则温度太高,易使菌体烤焦变形。

(4)革兰氏染色成败的关键是酒精脱色。如脱色过度,革兰氏阳性菌也可被脱色而染成革兰氏阴性菌;如脱色时间过短,革兰氏阴性菌也会被染成革兰氏阳性菌。脱色时间的长短还受涂片厚薄及酒精用量多少等因素的影响,难以严格规定。

(5)染色过程中勿使染色液干涸。用水冲洗后,应吸去载玻片上的残水,以免染色液被稀释而影响染色效果;涂片必须完全干燥后方可滴香柏油观察。

(6)选用幼龄的细菌。革兰氏阳性菌培养 12～16 h,革兰氏阴性菌培养 24 h。若菌龄太老,由于菌体死亡或自溶常使革兰氏阳性菌转呈阴性反应。

(7)另外,可选用标准的革兰氏阳性菌和革兰氏阴性菌和未知菌一起混合涂片和染色。

六、实验报告

分别绘出使用简单染色与革兰氏染色后枯草芽孢杆菌、铜绿假单胞菌及海泥中分离的未知细菌的形态图,指出菌种排列方式及颜色,并判断菌种是革兰氏阳性菌或阴性菌。

七、思考题

(1)使用油镜时,应特别注意哪些问题?

(2)对同一微生物制片,用油镜观察比用低倍镜观察有何优、缺点?

(3)涂片在染色前为什么要先进行固定?固定时应注意什么问题?

(4)为什么革兰氏染色所用细菌的菌龄一般不能超过 24 h?

(5)在表 1-5 中依次填入革兰氏染色所用染料的名称,并填上革兰氏阳性菌和革兰氏阴性菌在每步染色后菌体所呈的颜色。在不影响革兰氏反应的前提下,哪一步可被省略?

表 1-5　革兰氏染色步骤及染色结果

步骤	所用染料	菌体所呈颜色	
		革兰氏阳性菌	革兰氏阴性菌
1			
2			
3			
4			

八、创新思考题

记录通过革兰氏染色观察到的从海泥中分离的细菌形态。如何判断对未知菌的革兰氏染色操作正确、结果可靠?

实验十一 酵母菌的形态观察及死、活细胞的鉴别

一、实验目的

(1)观察酵母菌的细胞形态及出芽生殖方式。
(2)学习并掌握鉴别酵母菌死、活细胞的染色方法。
(3)掌握酵母与细菌细胞的差异。

二、实验原理

　　酵母菌细胞多呈椭球形、球形,以无性出芽生殖为主,少数以分裂方式繁殖,有性繁殖通过不同遗传性的细胞接合产生子囊孢子的方式进行。其大小通常比常见的细菌大几倍甚至几十倍,因此,不必染色即可用显微镜观察其形态。
　　亚甲蓝是一种弱氧化剂,氧化态呈蓝色,还原态呈无色。用亚甲蓝对酵母细胞进行染色时,活细胞由于细胞的新陈代谢作用,细胞内具有较强的还原能力,能将亚甲蓝由蓝色的氧化态型转变为无色的还原态型,从而细胞呈无色;而死细胞或代谢作用微弱的衰老细胞则由于细胞内还原力较弱而不具备这种能力,从而细胞呈蓝色。据此可对酵母菌的细胞死活进行鉴别。

三、实验材料

　　1.菌种
　　海洋红酵母。
　　2.染色液
　　0.1%吕氏亚甲蓝染色液、革兰氏染色用的结晶紫染色液等。
　　3.器材
　　显微镜、载玻片、盖玻片、擦镜纸、吸水纸等。

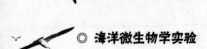

4. 培养基

海洋酵母分离培养基(YPD)。

四、实验步骤

1. 菌种活化

将菌种接种到 YPD 斜面培养基(蛋白胨 20.0 g、葡萄糖 20.0 g、酵母浸粉 10.0 g、琼脂 20 g、陈海水 1 000 mL,pH 6.5±0.2,121 ℃高压灭菌 1 min)上,于 28 ℃恒温培养 48 h 备用。

2. 水浸片观察

(1)制片:在干净的载玻片中央加一滴预先稀释至适宜浓度的酵母液体培养物,从侧面盖上一片盖玻片(先将盖玻片一边与菌液接触,然后慢慢将盖玻片放下使其盖在菌液上),应避免产生气泡,并用吸水纸吸去多余的水分。

(2)镜检:将制作好的水浸片置于显微镜的载物台上,先用低倍镜、后用高倍镜进行观察,注意观察酵母的细胞形态和繁殖方式,并进行记录。

3. 亚甲蓝染色

(1)染色:在干净的载玻片中央加一小滴 0.1% 亚甲蓝染色液,然后再加一小滴预先稀释至适宜浓度的海洋红酵母液体培养物,混匀后从侧面盖上盖玻片,并吸去多余的水分和染色液(注意染色液和菌液应基本等量,而且要混匀)。

(2)镜检:将制好的染色片置于显微镜的载物台上,放置约 3 min 后进行镜检,先用低倍镜、后用高倍镜进行观察,根据细胞颜色区分死细胞(蓝色)和活细胞(无色),并进行记录。

(3)比较:染色约 30 min 后再次进行观察,注意死细胞数量是否增加。

4. 水-碘浸片观察

在载玻片中央滴一滴革兰氏染色用的碘液,然后再在其上加 3 滴水,取酿酒酵母少许,放在水-碘液滴中,使菌体与溶液混匀,盖上盖玻片后镜检。

五、注意事项

(1)加菌液不宜过多或过少,否则,在盖上盖玻片时,菌液会溢出或出现大量气泡而影响观察。

(2)盖玻片不宜平着放下,以免产生气泡影响观察。

六、实验报告

(1)绘制酵母菌的细胞形态图,并比较分析菌种在不同染液染色后的颜色。

(2)在进行酵母菌死亡率统计时,随着时间的延长,统计结果会有什么变化?试分析其中的原因。

七、思考题

(1)用亚甲蓝染色法对酵母细胞死活进行鉴别时为什么要控制染液的浓度和染色时间?

(2)酵母不用亚甲蓝染色,还可用什么试剂染色?用其他试剂替染后的结果与用亚甲蓝染色的结果有什么不一样?

(3)镜检时,酵母有哪些显著特征区别于一般细菌?

八、创新思考题

设计实验鉴定海洋红酵母的细胞活性与胞内超氧化物歧化酶活性间的关联。

实验十二 霉菌形态的观察

一、实验目的

(1)掌握观察霉菌形态的基本方法,并观察其形态特征。

(2)掌握常用的霉菌制片方法。

(3)观察霉菌营养体和气生菌丝体的特化形态。

二、实验原理

海洋霉菌同陆地霉菌的形态结构相似,其营养体也是分枝的丝状体,个体比放线菌大得多,分为基内菌丝和气生菌丝。气生菌丝中又可分化出繁殖菌丝。不同霉菌的繁殖菌丝可以形成不同的孢子。

常用载玻片观察霉菌自然生长状态下的形态,即接种霉菌孢子于载玻片上的适宜培养基上,培养后用显微镜观察。此外,为了得到清晰、完整、保持自然状态的霉菌形态,还可利用玻璃纸透析培养法进行观察。此法是利用玻璃纸的半透膜特性及透光性,让霉菌生长在覆盖于琼脂培养基表面的玻璃纸上,然后将长菌的玻璃纸剪取一小片,贴放在载玻片上用显微镜观察。

霉菌菌丝较粗大,细胞易收缩变形,而且孢子很容易飞散,所以制标本时常用乳酸石炭酸棉蓝染色液。此染色液制成的霉菌标本片,其特点是不易使细胞变形;具有杀菌防腐作用,且不易干燥,能保持较长时间;溶液本身呈蓝色,有一定的染色效果。

三、实验材料

1.菌种

曲霉(*Aspergillus* sp.)、青霉(*Penicillium* sp.)及从海泥中分离的未知霉菌。

2.培养基

马铃薯培养基(PDA 固体培养基)、CMA 固体平板培养基（配方：玉米粉 40.0 g、琼脂 15 g、吐温 80 10 mL、陈海水 1 000 mL)等。

3.器材

乳酸石炭酸棉蓝染色液(石炭酸 10 g、乳酸 10 mL、甘油 20 mL、棉蓝 0.02 g、蒸馏水 10 mL)、20％甘油、显微镜、无菌吸管、载玻片、盖玻片、U 形玻璃棒、接种针、解剖刀、玻璃纸、滤纸等。

四、实验步骤

(一)海洋霉菌的形态观察

将未知霉菌划线涂布在 CMA 固体平板培养基上,然后用无菌镊子夹一无菌盖玻片斜插入平板内的培养基,插入深度为盖玻片高度的 1/2 或 1/3。密封后于室温下培养,至合适时(刚有菌丝爬上载玻片),取出盖玻片,以灭菌海水为浮载剂进行压片,将玻片置于倒置显微镜下观察,选取有代表性的显微结构进行拍照保存。

(二)一般霉菌的形态观察

1.一般观察法

在洁净载玻片上,滴一滴乳酸石炭酸棉蓝染色液,用接种针从霉菌菌落的边缘(此处菌丝菌龄较小)取少量带有孢子的菌丝置于染色液中,再细心地用两根接种针或解剖刀将菌丝挑散,然后小心地盖上盖玻片,注意不要产生气泡。置于显微镜下,先用低倍镜观察,必要时再换高倍镜。

2.载玻片观察法

(1)将略小于培养皿底内径的滤纸放入培养皿,再放上 U 形玻璃棒,其上放一洁净的载玻片,然后将两张盖玻片分别斜立在载玻片的两端,盖上培养皿盖,把数套(根据需要而定)如此装置的培养皿叠起,包扎好,用 1.05 kg/cm²、121 ℃灭菌 20 min 或干热灭菌,备用。

(2)将 6～7 mL 灭菌的 PDA 培养基倒入直径为 9 cm 的灭菌培养皿,待凝固后,用无菌解剖刀切成 0.5～1 cm² 的琼脂块,用刀尖铲起琼脂块放在已灭菌的培养皿内的载玻片上,每片上放置 2 块。

(3)用灭菌的尖细接种针或装有柄的缝衣针,取肉眼方能看见的一点霉菌孢子,轻轻点在琼脂块的边缘上,用无菌镊子夹着立在载玻片旁的盖玻片盖在琼脂块上,再盖上培养皿盖。

(4)在培养皿的滤纸上,加无菌的 20%甘油数毫升,至滤纸湿润即可停加。将培养皿置于 28 ℃培养一定时间后,取出载玻片置于显微镜下观察。

3.玻璃纸透析培养观察法

(1)玻璃纸的选择与处理:要选择能够允许营养物质透过的玻璃纸。也可收集商品包装用的玻璃纸,加水煮沸,然后用冷水冲洗。经此处理后的玻璃纸若变硬,必定是不能用的,只有软的可用。将可用的玻璃纸剪成适当大小,用水浸湿后,夹于旧报纸中,放入培养皿,121 ℃灭菌 30 min 备用。

(2)菌种的培养:按无菌操作法,倒平板,冷凝后用灭菌的镊子夹取无菌玻璃纸贴附于平板上,再用接种环蘸取少许霉菌孢子,在玻璃纸上方轻轻抖落于纸上。然后将平板置于 28～30 ℃下培养 3～5 d。

(3)制片与观察:剪取玻璃纸透析法培养 3～4 d 后长有菌丝和孢子的玻璃纸一小块,先在 50%乙醇中浸一下,洗掉脱落下来的孢子,并赶走菌体上的气泡,然后正面向上贴附于洁净载玻片上,滴加 1～2 滴乳酸石炭酸棉蓝染色液,小心地盖上盖玻片(注意不要产生气泡),且不要移动盖玻片,以免扰乱菌丝。标本片制好后,先用低倍镜观察,必要时再换高倍镜。注意观察菌丝有无隔膜,有无假根、足细胞等特殊形态,注意其无性繁殖器官的形状和构造、孢子着生的方式和孢子的形态。

五、注意事项

(1)挑菌和制片时要细心,尽可能保持霉菌自然生长状态。
(2)加盖玻片时切勿压入气泡,以免影响观察。

六、实验报告

(1)绘图说明你所观察到的霉菌形态特征。
(2)比较实验所用霉菌形态上的异同。

七、思考题

(1)为何要用乳酸石炭酸棉蓝染色液制作霉菌水浸片?
(2)玻璃纸应怎样进行灭菌?为什么?
(3)什么叫载玻片湿室培养?它适用于观察怎样的微生物?有何优点?

(4)根据载玻片培养观察方法的基本原理,你认为上述操作(培养小室的灭菌、琼脂块的制作、接种、培养)哪些步骤可以根据具体情况做一些改进或可用其他的方法替代?

八、创新思考题

根据理论知识分析比较霉菌菌丝与假丝酵母菌丝的区别,并选用合适菌种在镜检下观察形态的差异。

实验十三　放线菌的形态观察

一、实验目的

(1)掌握放线菌的常用培养方法。
(2)学习并掌握放线菌形态结构的观察方法。

二、实验原理

　　放线菌是由不同长短的纤细的菌丝所形成的单细胞菌丝体。菌丝体分为两部分,即潜入培养基的营养菌丝(或称基内菌丝)和生长在培养基表面的气生菌丝。有些气生菌丝分化成各种孢子丝,呈螺旋形、波浪形或分枝状等。孢子常呈球形、椭球形或杆形。气生菌丝及孢子的形状和颜色常作为分类的重要依据。与细菌的单染色一样,放线菌也可用石炭酸复红或吕氏亚甲蓝等染料着色后,在显微镜下观察其形态。玻璃纸具有半透特性,其透光性与载玻片基本相同。使放线菌生长在玻璃纸琼脂培养皿上,然后将长菌的玻璃纸剪取一小片,贴放在载玻片上,用显微镜即可观察到放线菌自然生长的个体形态。

三、实验材料

　　1.菌种
分离的未知放线菌、紫色小单孢菌等。
　　2.染色液
0.1%亚甲蓝染色液、石炭酸复红染色液等。
　　3.器材
盖玻片、载玻片、镊子、培养皿、接种环、显微镜、涂布器、玻璃纸、打孔器等。
　　4.培养基
高氏1号琼脂培养基。

四、实验步骤

(一)放线菌的培养

1.插片法

(1)制平板、接种:用冷却至约50 ℃的高氏1号琼脂培养基倒平板(每个培养皿约20 mL)。可用两种方法接菌:①先接种后插片。冷凝后用接种环挑取少量斜面上的放线菌孢子,在平板培养基的1/2面积来回划线接种(接种量可适当加大)。②先插片后接种。在平板培养基的另1/2面积进行。

(2)插片及培养:用无菌镊子取无菌盖玻片,在已接种平板上以45°角斜插入培养基,插入深度约占盖玻片长度的1/2。同时,在另一半未经接种的部位以同样方式插入数块盖玻片,然后接种少量放线菌孢子至盖玻片一侧的基部,且仅接种于其中央位置约占盖玻片长度的1/2,以免菌丝蔓延至盖玻片的另一侧。将插片平板倒置于28 ℃,培养3~7 d。

2.玻璃纸法固体培养小单孢菌

(1)玻璃纸灭菌:将玻璃纸剪成比培养皿直径略小的片状,将滤纸剪成培养皿大小的圆形纸片并稍润湿,然后把滤纸和玻璃纸交互重叠地放在培养皿中,借滤纸将玻璃纸隔开。进行湿热灭菌,备用。

(2)制平板及铺玻璃纸:取冷凝后的高氏1号琼脂培养基,用无菌镊子将预先灭菌的块状玻璃纸平铺至平板培养基表面,铺玻璃纸时可用无菌涂布器将玻璃纸与培养基之间的气泡除去。

(3)涂布菌液及培养:取0.1 mL孢子悬液涂布在铺有玻璃纸的平板培养基表面。接种平板倒置于28 ℃,培养5~7 d。

3.搭片法

(1)开槽及接种:用无菌打孔器在凝固后的平板培养基上打数个洞,并将紫色小单孢菌孢子划线接种至洞内边缘;或直接用无菌解剖刀沿着平板直径方向开约0.5 cm宽的小槽,用接种环取放线菌孢子悬液沿槽面接种。

(2)搭片及培养:在接种后的洞面上放一无菌盖玻片,平板倒置于28 ℃,培养3~7 d。

(二)放线菌的观察

1.观察自然生长状态的放线菌

用镊子小心取出用插片法培养的未知放线菌培养皿中的一张盖玻片,将其背面附着的菌丝体擦净。然后将长有菌的一面向上放在洁净的载玻片上,用低倍镜、高倍镜观察。找出 3 类菌丝及其分生孢子,并绘图。注意放线菌的基内菌丝、气生菌丝的粗细和色泽差异。

2. 水封片观察

滴一滴亚甲蓝染色液于载玻片中央,将用搭片法培养紫色小单孢菌培养皿中的盖玻片取出,并将有菌面朝下,放在载玻片上,浸在染色液中,制成水封片,用高倍镜观察其单个分生孢子及其基内菌丝。

3. 玻璃纸法的镜检观察

(1)直接玻璃纸制片观察:制片时,于载玻片上滴一小滴蒸馏水,小心地将含菌玻璃纸片剪下一小块,移至载玻片上,并使有菌面向上。玻璃纸与载玻片间不能有气泡,以免影响观察。将制片置于显微镜下观察,先用低倍镜观察菌的立体生长状况,再用高倍镜仔细观察。注意区分放线菌的基内菌丝、气生菌丝和弯曲状或螺旋状的孢子丝。观察棘孢小单孢菌时注意把视野亮度调暗,可观察到其基内菌丝纤细发亮,其单个分生孢子发暗,直接生长在基内菌丝长出的小梗上。绘图。

(2)印片染色法观察:用镊子取洁净载玻片并微微加热,然后用微热的载玻片盖在长有紫色小单孢菌的培养皿上,轻轻压一下。注意将载玻片垂直放下和取出,以防载玻片水平移动而破坏放线菌的自然形态。反转有印痕的载玻片,微微加热固定。用石炭酸复红染色 1 min,水洗,晾干。用油镜观察,绘图。注意比较直接玻璃纸制片观察与印片染色观察时,菌的形态特征有何不同。

五、注意事项

(1)放线菌的生长速度较慢,培养期较长,在操作中应特别注意无菌操作,严防杂菌污染。

(2)玻璃纸法培养接种时注意玻璃纸与平板琼脂培养基间不宜有气泡,以免影响其表面放线菌的生长。

(3)印片时不要用力过大压碎琼脂,也不要错动,以免改变放线菌的自然形态。

(4)观察时宜用略暗光线,先用低倍镜找到适当视野,再换高倍镜观察。如果用 0.1% 亚甲蓝对培养后的盖玻片进行染色后观察,效果会更好。

六、实验报告

绘图比较用不同培养方法观察到的放线菌的形态特征。

七、思考题

(1)镜检时,如何区分放线菌的基内菌丝和气生菌丝?

(2)如何用插片法和搭片法制备放线菌标本?各自的主要优点是什么?可否用插片法观察霉菌?为什么?

(3)试比较放线菌3种不同培养方法对其形态观察的影响。

八、创新思考题

(1)通过镜检如何区别放线菌与霉菌菌丝形态的差异?对从海泥中分离的未知放线菌与霉菌进行镜检,记录其形态特征。

(2)以玻璃纸法培养、观察放线菌有何优点?试用此法设计一个观察霉菌形态的实验。

实验十四　非丝状微生物数量的测定——血细胞计数板法

一、实验目的

(1)明确血细胞计数板计数的原理。
(2)掌握使用血细胞计数板进行微生物单细胞计数的方法。

二、实验原理

利用血细胞计数板在显微镜下直接计数,是一种常用的微生物计数方法。此法的优点是直观、快速。将经过适当稀释的菌悬液或孢子悬液放在血细胞计数板载玻片与盖玻片之间的计数室中,在显微镜下进行计数。由于计数室的容积是一定的($0.1\ mm^3$),所以可以根据在显微镜下观察到的微生物数目来换算成单位体积内的微生物总数目。由于此法计得的是活菌体和死菌体的总和,故又称为总菌计数法。

血细胞计数板通常是一块特制的载玻片,其上由 4 条槽构成 3 个平台。中间的平台又被一短横槽隔成两半,每一边的平台上各刻有一个方格网,每个方格网共分 9 个大方格,中间的大方格即为计数室(图 1-12,a,b),微生物的计数就在计数室中进行。计数室的刻度一般有两种规格:一种是一个大方格分成 16 个中方格,而每个中方格又分成 25 个小方格;另一种是一个大方格分成 25 个中方格,而每个中方格又分成 16 个小方格。但无论哪种规格的计数板,每一个大方格中的小方格数都是相同的,即 $16 \times 25 = 400$ 个小方格。

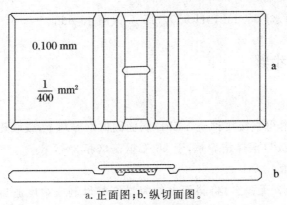

a. 正面图；b. 纵切面图。

图 1-12 血细胞计数板

每一个大方格边长为 1 mm，则每一大方格的面积为 1 mm²。盖上盖玻片后，载玻片与盖玻片之间的高度为 0.1 mm，所以计数室的容积为 0.1 mm³。

在计数时，通常数 5 个中方格的总菌数，然后求得每个中方格的平均值，再乘以 16 或 25，就得出一个大方格中的总菌数，然后再换算成 1 mL 菌液中的总菌数。

下面以一个大方格有 25 个中方格的计数板为例进行计算：设 5 个中方格中总菌数为 A，菌液稀释倍数为 B。因 1 mL＝1 cm³＝1 000 mm³，即 0.1 mm³ 中的总菌数＝$A/5 \times 25 \times B$，则 1 mL 菌液中的总菌数＝$A/5 \times 25 \times 10 \times 1\,000 \times B = 50\,000\,A \cdot B$（个），或 1 mL 样品中的细胞个数＝（80 个小方格细胞总数/80）$\times 400 \times 10\,000 \times$ 稀释倍数。

同理，如果是 16 个中方格的计数板：设 5 个中方格的总菌数为 A'，菌液稀释倍数为 B'，则 1 mL 菌液中的总菌数＝$A'/5 \times 16 \times 10 \times 1\,000 \times B' = 32\,000\,A' \cdot B'$（个），或 1 mL 样品中的细胞个数＝（100 个小方格细胞总数/100）$\times 400 \times 10\,000 \times$ 稀释倍数。

三、实验材料

1. 菌种

海洋红酵母。

2. 器材

血细胞计数板、显微镜、盖玻片、无菌毛细管等。

3. 培养基

YEPD 液体培养基[酵母膏 10 g、蛋白胨 20 g、葡萄糖 20 g、琼脂 15～20 g（制作

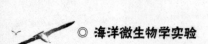

固体培养基）、海水1 000 mL,pH 6.0,115 ℃灭菌15 min]。

四、实验步骤

1.菌种活化

将海洋红酵母直接接种至 YEPD 斜面固体培养基上,或取几环海洋红酵母直接接种至 YEPD 液体培养基,于 28 ℃振荡培养 3～5 d。

2.制备菌液

以生理盐水(无菌水)将斜面上的海洋红酵母制成浓度适当的菌悬液。若液体培养的酵母,可直接取菌液。

3.镜检计数室

在加样前,先对血细胞计数板的计数室进行镜检,找到计数室的方格位置。同时观察计数室是否有污物,若有,则需清洗后才能进行计数。

4.加样品

将清洁干燥的血细胞计数板盖上盖玻片,再用无菌毛细管蘸稀释的酵母菌液由盖玻片边缘滴一小滴(不宜过多),让菌液沿缝隙靠毛细渗透作用自行进入计数室,一般计数室均能充满菌液。注意不可有气泡产生。

5.显微镜计数

静置 5 min 后,将血细胞计数板置于显微镜载物台上,先用低倍镜找到计数室所在位置,然后换成高倍镜进行计数。在计数前若发现菌液太浓或太稀,需重新调节稀释度后再计数。一般样品稀释度要求每小格内有 5～10 个菌体为宜。每个计数室选 5 个中格(可选 4 个角和中央的中格)中的菌体进行计数。位于中格边框线上的菌体一般只数上方线和左边线上的。如遇酵母芽体大小达到母细胞的 1/2 时,即作两个菌体计数。要用两个计数室中计得的值来计算一个样品的含菌量。

6.清洗血细胞计数板

使用完毕后,将血细胞计数板在水龙头上用水柱冲洗,切勿用硬物洗刷,洗完后自行晾干或用吹风机吹干。镜检,观察每小格内是否有残留菌体或其他沉淀物。若不干净,则必须重复洗涤至干净为止。

五、注意事项

(1)取样时先要摇匀菌液,务必使其分散成单个细胞。如果细胞团占比>10%,

说明细胞分散不充分。加样时计数室不可有气泡产生。

（2）显微镜光线的强弱要适当,否则视野中不易看清楚计数室方格线,或只见竖线或只见横线。

（3）在显微镜下计数时,遇到两个以上细胞组成的细胞团,应按单个细胞计算。

（4）从试管中吸取培养液后,在计数之前,要轻轻震荡几次,以使管内的菌能分散其中,减少实验误差,使实验更加准确。

（5）滴加菌液渗透入计数室后,多余的菌液用吸水纸吸取,稍待片刻,使菌全部沉降到血细胞计数室内。

（6）计数时,如果使用 16 个大方格的计数板,要按对角线位,取左上、右上、左下、右下 4 个中格(即 100 个小格)的酵母菌数。如果规格为 25 个大方格的计数板,除了取其 4 个对角方位外,还需再数中央的一个中格(即 80 个小方格)的酵母菌数。

六、实验报告

记录计数的结果,并计算每毫升菌液中酵母菌的细胞数。

表 1-6 酵母菌细胞数 　　　　　　　　　　　　　　(单位:个/毫升)

次数	第一个中格	第二个中格	第三个中格	第四个中格	第五个中格
第一次测定					
第二次测定					
平均					

七、思考题

（1）根据你做实验的体会,说明用血细胞计数板计数的误差主要来自哪些方面? 应如何尽量减少误差,力求准确?

（2）血细胞计数板法是否适用细菌数目的计数? 为什么?

八、创新思考题

查找文献了解有哪些先进的细胞计数法,各有何优缺点。

实验十五　海洋非丝状菌生长曲线的制作

一、实验目的

(1)了解酵母菌生长曲线的特点及测定的基本原理。

(2)学习用比浊法和血细胞计数板法测定酵母菌或细菌的生长曲线。

二、实验原理

将一定量的菌种接种在液体培养基内,在一定条件下培养,可观察到菌体的生长繁殖有一定的规律性。如取少量的酵母菌接种到适宜的新鲜培养基中,在最适宜的条件下培养,定时测定培养基中的酵母菌数,以酵母菌数的对数值(或 OD 值)为纵坐标,以培养时间为横坐标,所绘制出的曲线叫生长曲线。它反映了单细胞微生物在一定环境条件下于液体培养时所表现出的群体生长规律。依据微生物生长速率的不同,一般可把生长曲线分为延缓期、对数期、稳定期和衰亡期。这 4 个时期的长短因微生物的遗传性、接种量和培养条件的不同而有所改变。测定微生物的数量有多种方法,可根据要求和材料选择不同的测量方法。本实验采用浊度法和血细胞计数板法测定酵母的数量。

三、实验材料

1.菌种

海洋红酵母。

2.培养基

YEPD 液体培养基。

3.仪器和器具

血细胞计数板、721 型分光光度计、比色杯、恒温摇床、无菌吸管、试管、三角瓶等。

四、实验步骤

1.种子液制备

取海洋红酵母斜面菌种1支,以无菌操作挑取1环菌苔,接入YEPD液体培养基,同时做一空白对照。以此为起始时间,在30 ℃恒温下,在转速为180 r/min条件下振荡培养18 h。

2.标记编号

取盛有50 mL YEPD液体培养液的250 mL三角瓶10个,分别编号为0 h、4 h、8 h、12 h、16 h、20 h、24 h、28 h、32 h、36 h。

3.接种培养

用5 mL无菌吸管分别准确吸取5 mL种子液加入已编号的10个三角瓶,于30 ℃下振荡培养。然后分别按对应时间将三角瓶取出,立即放冰箱中贮存,待培养结束时一同测定在560 nm的吸光值(OD_{560})并用血细胞计数板计数(方法见实验十四)。

4.比色测定生长量

将未接种的YEPD液体培养液倾倒入比色杯,选用721型分光光度计,波长调整至560 nm,预热30 min,作为空白对照,并对不同时间的培养液从0 h起依次进行测定。对浓度大的菌悬液用未接种的YEPD液体培养基适当稀释后测定,经稀释后测得的OD要乘以稀释倍数,才是培养液实际的OD。

5.结果

根据上面所测实验数据,以培养时间为横坐标,OD_{560}为纵坐标,绘制海洋红酵母的生长曲线。

五、注意事项

(1)海洋红酵母培养液振荡培养前,可用三角形纱布将棉塞固定,以防松动,又便于菌液通气。

(2)选择摇床振荡频率应注意摇床本身的性能,运转时要平稳,培养液不能溅污棉塞,以防感染杂菌。

(3)试管规格要一致,所装培养基的量和接种量都要准确一致,以便减少测量。

(4)比色杯规格应一致。比浊前,培养液要摇匀。

六、实验报告

将所测实验结果填入表 1-7。

表 1-7　不同培养时间的 OD 值及细胞数

培养时间/h	0	4	8	12	16	20	24	28	32	36
OD_{560}										
每毫升的细胞数										

七、思考题

(1)血细胞计数板法测定所绘出的生长曲线与用比浊法测定所绘出的生长曲线有何差异？为什么？

(2)用分光光度法测定吸光值,如何选择测定所用的波长？哪些样品不适合用比浊法测定生长量？

(3)测定和绘制酵母的生长曲线对科学研究和发酵生产有何指导意义？

八、创新思考题

不同培养基培养的同一种酵母或细菌,其生长曲线基本一样吗？请设计实验说明此问题。

实验十六 微生物菌种常用保藏法

一、实验目的

(1)了解四大微生物菌种常用简易保藏法的原理,掌握其操作方法。
(2)比较几种不同的菌种保藏方法。

二、实验原理

微生物具有容易变异的特性,因此,在保藏过程中,必须使微生物的代谢处于最不活跃或相对静止的状态,才能在一定的时间内使其不发生变异而又保持生长能力。低温、干燥、隔绝空气及缺乏营养等环境条件都可以抑制微生物的代谢和生长繁殖,因此低温、干燥和真空是菌种保藏的重要手段,是使微生物代谢能力降低的重要因素。菌种保藏方法虽多,但基本上都是根据这个因素来设计的。

常用简易保藏法包括斜面低温保藏法、半固体穿刺保藏法、液体石蜡保藏法、甘油保藏法、沙土管保藏法等。因这些保藏方法不需要特殊设备,操作简便易行,故为一般实验室及生产单位所广泛采用。

斜面低温保藏法和半固体穿刺保藏法是将在斜面或半固体培养基上已生长好的培养物置于 $4\sim5$ ℃冰箱中保藏。这两种方法都是利用低温抑制微生物的生长繁殖,从而延长保藏时间。

液体石蜡保藏法是在新鲜的斜面培养物上,覆盖一层经过灭菌的液体石蜡,再置于 $4\sim5$ ℃冰箱中保藏。液体石蜡主要起隔绝空气的作用,故此法是利用缺氧、低温双重抑制微生物生长,从而延长保藏时间。

甘油保藏法是在液体的新鲜培养物中加入适量经过灭菌的甘油,再置于 -20 ℃或 -70 ℃冰箱中保藏。此法使用甘油作为保护剂,甘油透入细胞后,能强烈降低细胞的脱水作用,同时在低温条件下,可大大降低细胞代谢水平,达到延长保藏时间的目的。

沙土管保藏法是将待保藏菌种接种于斜面培养基上,经培养后制成孢子悬

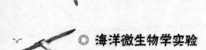

液,将孢子悬液滴入已灭菌的沙土管,孢子即吸附在沙子上,将沙土管置于真空干燥器中,吸干沙土管中的水分,经密封后置于-4 ℃冰箱中保藏。此法利用干燥、缺氧、缺乏营养、低温等因素综合抑制微生物生长繁殖,从而延长保藏时间。

三、实验材料

1.菌种

细菌、放线菌、酵母菌及霉菌中各选一种菌为代表。

2.培养基

牛肉膏蛋白胨斜面及半固体深层培养基、豆芽汁葡萄糖斜面培养基、高氏1号斜面培养基、LB液体培养基等。

3.仪器和器具

无菌液体石蜡、无菌甘油、带螺口盖和密封圈的无菌试管或 1.5 mL 无菌 Eppendorf 管、100 mL 三角瓶等。

四、实验步骤

1.斜面低温保藏法(适用于细菌、放线菌、酵母菌及霉菌的保藏)

将菌种接种在相应的培养基斜面上。细菌在 37 ℃培养,其他菌在 30 ℃培养,使其充分生长。如果是能形成芽孢或孢子等休眠体的菌种,待形成芽孢或孢子等休眠体后再置于4~5 ℃冰箱中进行保藏。

2.半固体穿刺保藏法(适用于兼性厌氧细菌或酵母菌的保藏)

用穿刺接种法将菌种接入半固体深层培养基中央部分,注意不要穿透底部。在适宜的温度培养,使其充分生长。培养好的菌种置于4~5 ℃冰箱保藏。一般保藏半年到 1 年后,需转接到新的半固体深层培养基中,经培养后再行保藏。

3.液体石蜡保藏法(适用于真菌和放线菌的保藏)

(1)无菌液体石蜡制备:将液体石蜡置于 100 mL 三角瓶内,每瓶装 10 mL,塞上棉塞,外包牛皮纸,高压(0.1 MPa)蒸汽灭菌 30 min。灭菌后将装有液体石蜡的三角瓶置于 105~110 ℃的烘箱内约 1 h,以除去液体石蜡中的水分。

(2)接种、培养及保藏:将菌种分别接种在高氏1号培养基和麦芽汁斜面培养基上,在 25~30 ℃培养,使其充分生长。用无菌吸管吸取无菌液体石蜡至已生长好菌的斜面上,液体石蜡的用量以高出斜面顶端 1 cm 左右为准,使菌种转接至新的斜面培养基上。培养后加入适量灭菌液体石蜡,再行保藏。

4.甘油保藏法(常用于细菌的保藏)

(1)无菌甘油制备:将甘油置于 100 mL 三角瓶中,每瓶装 10 mL,塞上棉塞,外包牛皮纸,高压(0.1 MPa)蒸汽灭菌 20 min。

(2)接种、培养及保藏:挑取一环菌种接入 LB 液体培养基试管中,37 ℃振荡培养至充分生长。用吸管吸取 0.85 mL 培养液,置于一支带有螺口盖和空气密封圈的试管中或一支 1.5 mL 的 Eppendorf 管中,再加入 0.15 mL 无菌甘油,封口,振荡混匀。然后将其置于乙醇-干冰或液氮中速冻。最后将已冰冻的含有甘油的培养物置于 -20 ℃ 或 -70 ℃ 保藏,保藏期为 0.5~1 年。

到期后,用接种环从冻结的表面刮取培养物,接种至 LB 斜面上,37 ℃培养48 h。然后用接种环从斜面上挑取一环长好的培养物,置于装有 2 mL LB 液体培养基的试管中,再加入 2 mL 含 30% 无菌甘油的 LB 液体培养基,振荡混匀。最后分装于带有螺口盖和密封圈的无菌试管中或 1.5 mL 的 Eppendorf 管中,按上述方法速冻保藏。

5.沙土管保藏法(适用于产孢子的芽孢杆菌、梭菌、放线菌和霉菌的保藏)

(1)无菌沙土管制备:取河沙若干,用 40 目筛子过筛,除去大的颗粒。再用10% HCl 溶液浸泡 2~4 h 除去有机杂质,倒出盐酸,用自来水冲洗至中性,烘干。另取非耕作层瘦黄土若干,磨细,用 100 目筛子过筛。取 1 份制备的土加 4份沙混合均匀,装入小试管(如血清管大小)。装量约 1 cm 高即可,塞上棉塞,0.1 MPa 灭菌 1 h,每天一次,连续 3 d。

(2)制备菌悬液:吸取 3~5 mL 无菌水至一支已培养好的菌种斜面中,用接种环轻轻搅动培养物,使之呈菌悬液。

(3)加样及干燥:用无菌吸管吸取菌悬液,在每支沙土管中滴加 4~5 滴菌悬液,塞上棉塞,振荡摇匀。将已滴加菌悬液的沙土管置于预先放有 P_2O_5 或无水 $CaCl_2$ 的干燥器内。当 P_2O_5 或无水 $CaCl_2$ 因吸水变成糊状时,则应进行更换。如此数次,沙土管即可干燥。也可用真空泵连续抽气约 3 h,即可达到干燥效果。

(4)抽样检查:从抽干的沙土管中,每 10 支抽取 1 支进行检查。用接种环取少许沙土,接种到适合于所保藏菌种生长的斜面上,进行培养,观察所保藏菌种的生长情况及有无杂菌。

(5)保藏:检查合格后,可采用以下方法进行保藏。

①沙土管继续放入干燥器,置于室温或冰箱中。

②将沙土管带塞一端浸入熔化的石蜡,密封管口。

③在酒精灯上,将沙土管的棉塞下端的玻璃烧熔,封住管口,再置于 4 ℃冰箱中保藏。

沙土管保藏法可保藏菌种 1 年到数年。

五、注意事项

(1)整个接种过程都应确保无菌操作。

(2)保藏菌种用的培养基营养不宜太丰富,培养基也不要随意更换。

(3)培养条件和培养时间应严格掌控。

(4)尽量在低温、无氧和干燥条件下保藏菌种,使菌种代谢活动处于不活跃或相对静止状态。通常霉菌和酵母试管斜面保存期为 3 个月。

(5)石蜡油封藏法对很多厌氧性细菌的保藏效果较差,尤其不适用于某些能分解烃类的菌种。

(6)菌种定期进行分离纯化。一旦发现污染现象,应及时进行分离。

六、实验报告

表 1-8　菌种保藏结果记录

菌种名称	保藏编号	保藏方法	保藏日期	经手人

七、思考题

根据自己的实验,谈谈 1～2 种菌种保藏方法的利弊。

八、创新思考题

设计实验判断你所保藏的菌种在保藏期是否发生变异。

实验十七　物理因素对微生物生长的影响

一、实验目的

(1)了解不同物理因素对微生物生长的影响原理。
(2)了解氧气、温度、紫外线对微生物生长的影响及实验方法。

二、实验原理

环境因素包括物理因素、化学因素和生物因素。不良的环境条件使微生物的生长受到抑制,甚至导致菌体的死亡。但是某些微生物产生的芽孢,对恶劣的环境条件有较强的抵抗能力。我们可以通过控制环境条件,使有害微生物的生长繁殖受到抑制,甚至被杀死;而对有益微生物,通过调节理化因素,使其良好地生长繁殖或产生有经济价值的代谢产物。

各种微生物对氧的要求是不同的。根据它们对氧的要求或所能耐受的量可将微生物分为4个类型:专性好氧菌必须在有氧的情况下生存,如枯草芽孢杆菌;专性厌氧菌则要求在完全无氧的条件下生长繁殖,分子氧对它们有害,如破伤风梭菌、丙酮丁醇梭菌等;兼性厌氧菌无论在有氧或无氧的情况下均能生长,一般在有氧情况下生长快,如酵母菌、肠道杆菌等;微好氧菌适宜于在氧浓度较低的环境中生长,如链球菌属中的个别种。

温度是影响微生物生长的重要因素之一。根据微生物生长的最适温度范围,可将微生物分为高温菌、中温菌和低温菌。自然界中绝大部分微生物属于中温菌。温度通过影响蛋白质、核酸等生物大分子的结构与功能,以及细胞结构如细胞膜的流动性及完整性来影响微生物的生长、繁殖和新陈代谢。过高的环境温度会导致蛋白质或核酸的变性失活;而过低的温度会使酶活力受到抑制,细胞的新陈代谢活动减弱。每种微生物只能在一定的温度范围内生长,低温微生物最高生长温度不超过 20 ℃,中温微生物的最高生长温度低于 45 ℃,而高温微生物能在 45 ℃以上的温度条件下正常生长。某些极端高温微生物甚

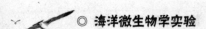

至能在 100 ℃以上的温度条件下生长。

紫外线波长在 100～400 nm，其中 265～266 nm 波长的紫外线杀菌力最强。紫外线对微生物细胞有明显的致死作用，还对病毒、毒素和酶类有灭活作用。当微生物被照射时，细胞中的 DNA 吸收了紫外线，DNA 链上相邻近的胸腺嘧啶之间形成二聚体，改变了 DNA 的分子构型，导致 DNA 复制出现差错。轻者发生基因突变，重者导致细菌死亡。紫外线照射的剂量取决于紫外灯的功率、照射距离与照射时间。把受紫外线照射损伤的微生物细胞立即暴露于可见光下时，其中一部分微生物又能恢复正常生长，这种现象被称为光复活作用。因为微生物细胞内有一种光复活酶，在黑暗中此酶能专一性地与胸腺嘧啶二聚体结合，在可见光下，此酶会因获得光能而被激活，使二聚体重新分解成单体，并使 DNA 结构恢复正常。

三、实验材料

1. 菌种

明亮发光杆菌（T_3 变种）（*Photobacterium phosphoreum* T3）、棒状乳杆菌（*Lactobacillus coryniformis*）、大肠杆菌（*Escherichia coli*）、枯草芽孢杆菌（*Bacillus subtilis*）。

2. 培养基

2216E 培养基（蛋白胨 5 g、酵母膏 1 g、$FePO_4$ 0.1 g、琼脂 20 g、陈海水 1 000 mL，加热溶解，用 NaOH 溶液调节 pH 为 7.6，分装于锥形瓶中，置于高压蒸汽灭菌锅中，在 121 ℃下灭菌 20 min）、营养琼脂培养基。

3. 仪器和器具

培养皿、试管、三角瓶、电子天平、牛皮纸、线绳、电炉、精密 pH 试纸、超净工作台、恒温培养箱、镊子、紫外线灯、黑纸、接种环、涂布器等。

四、实验步骤

（一）氧对微生物生长的影响

（1）将 2216E 琼脂半固体培养基试管置于水浴锅中加热熔化。

（2）待培养基冷却至 50 ℃左右时，按无菌操作分别用接种针穿刺接种大肠杆菌、枯草芽孢杆菌、明亮发光杆菌及棒状乳杆菌于直立柱式试管培养基中；另一支试管中不接种，作为对照。

（3）待培养基凝固后，置于 37 ℃温室中培养 48 h 后开始观察，连续观察几天，直至结果清晰时为止。

（4）记录氧对细菌的影响。生长情况用表面生长、底部生长、表面及全部培养基生长表示。

（二）温度对微生物生长的影响

（1）将培养 48 h 的细菌斜面加入无菌生理盐水各 5 mL，用接种环刮下菌体，制成菌悬液。

（2）每种菌取 8 支装有无菌 2216E 液体培养基的试管，每管 5 mL 培养液，分别标明 20 ℃、28 ℃、37 ℃和 45 ℃，每一温度做 2 个重复。

（3）用移液器取 0.1 mL 菌悬液接种至上述试管中，混匀。

（4）将上述各接种试管分别按设定的温度培养 24～48 h，观察细菌的生长状况。

（5）结果记录："－"表示不生长，"＋"表示稍有生长，"＋＋"表示生长好，"＋＋＋"表示高浓度菌液。

（三）紫外线对微生物生长的影响

（1）将灭菌 2216E 琼脂固体培养基倒平板，每个菌种制作 2 个平板，并注明菌种名称。

（2）分别用无菌吸管取培养生长对数期菌液 0.1 mL，滴加在相应的菌种平板上，再用无菌涂布器涂布均匀。

（3）打开培养皿盖，用无菌黑纸遮盖部分平板，置于预热 10～15 min 后的紫外灯下，紫外线分别照射 10 min、20 min、30 min、40 min，取去黑纸，盖上皿盖。对照不照射。

（4）在 37 ℃培养箱中培养 24～48 h，观察培养皿上贴有无菌三角黑纸的细菌生长情况，与周围部分参照，并绘图表示。

五、注意事项

（1）穿刺接种要垂直穿入半固体培养基，必须穿刺到管底，并沿原路抽回接种。接种时不要搅动培养基。

（2）培养皿与紫外灯的距离约为 30 cm。

（3）试管规格要一致，所装培养基的量和接种量都要准确一致，以便减少误差。

（4）做温度对微生物生长繁殖影响的实验时，应保持培养温度的稳定。

六、实验报告

表 1-9　物理因素对微生物生长的影响

氧对微生物生长的影响				
菌种				
生长情况				
温度对微生物生长的影响				
温度	20 ℃	28 ℃	37 ℃	45 ℃
生长情况				
紫外线对微生物生长的影响				
照射时间	10 min	20 min	30 min	40 min
生长情况				

七、思考题

(1)根据微生物与氧的关系,可将微生物分为哪几类?

(2)根据温度对微生物生长的影响,可将微生物分为哪几类?

(3)紫外线照射时间通常为 30 min,是不是照射时间越长,杀菌效果越好?

八、创新思考题

(1)设计实验,用半固体穿刺接种、固体培养基接种及液体培养基接种这 3 种方法接种同一种微生物,分析氧对微生物生长的影响,比较结果有何差异。

(2)设计实验比较同一种固体培养基与液体培养基培养同种海洋细菌时,温度对其有何影响。

实验十八 化学因素对微生物生长的影响

一、实验目的

(1)了解化学药剂杀菌和消毒的原理。
(2)掌握消毒剂的浓度与使用方法。

二、实验原理

常用化学消毒剂主要有重金属及其盐类,酚、醇、醛等有机化合物以及染料和表面活性剂等。其杀菌或抑菌作用主要是使菌体蛋白质变性或与某些酶蛋白的巯基相结合而使酶失活。

pH 对微生物生命活动的影响通过以下几方面实现:一是使蛋白质、核酸等生物大分子所带电荷发生变化,从而影响其生物活性;二是引起细胞膜电荷变化,导致微生物细胞吸收营养物质能力改变;三是改变环境中营养物质的可溶性及有害物质的毒性。不同微生物对 pH 条件的要求各不相同,它们只能在一定的 pH 范围内生长。这个 pH 范围有宽有窄,而微生物生长最适 pH 常限于一个较窄的 pH 范围。对 pH 条件的不同要求在一定程度上反映出微生物对环境的适应能力。

三、实验材料

1.菌种
大肠杆菌、枯草芽孢杆菌。
2.培养基
牛肉膏蛋白胨液体、固体培养基,置于高压蒸汽灭菌锅中在 121 ℃下灭菌 20 min。

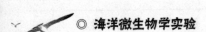

3.试剂

1％来苏尔消毒液、75％乙醇、0.05％龙胆紫、5％石炭酸等。

4.仪器和器具

培养皿、试管、三角瓶、电子天平、接种环、牛皮纸、线绳、电炉、精密 pH 试纸、超净工作台、恒温培养箱、无菌圆滤纸片、镊子、无菌滴管、涂布器、分光光度计等。

四、实验步骤

（一）pH 对微生物生长的影响

1.制备菌悬液

采用无菌操作技术,吸取适量无菌生理盐水加入菌悬液,使其在 600 nm 的吸光值（OD_{600}）均为 0.05。

2.接种

将菌液吹散后吸取 0.1 mL,分别接种于装有 5 mL 不同 pH（4、5、6、7、8、9）的牛肉膏蛋白胨液体培养基的大试管中,每种 pH 培养基 3 管。

3.培养

将接种菌种的试管置于 37 ℃培养箱中培养 12～48 h。

4.测定

将上述试管取出,利用 722 型分光光度计测定培养物的 OD_{600},根据菌液的混浊程度判定微生物在不同 pH 的生长情况。

（二）化学药剂对微生物生长的影响

1.制备混菌平板

用无菌滴管分别取枯草芽孢杆菌和大肠杆菌斜面活化后的菌悬液 4～5 滴,加到两个无菌空培养皿中,将已灭菌并冷至 45 ℃左右的牛肉膏蛋白胨琼脂培养基（15～20 mL）倒入无菌培养皿,混匀,水平放置,待凝固。

2.蘸取药液

将已凝固好的混菌培养皿底划分成 4 等份,每一等份内标明一种消毒剂的名称,采用无菌操作技术,用无菌镊子将已灭菌的小圆滤纸片分别浸入装有各种消毒剂溶液的小玻璃平皿浸湿。

3.加纸片

采用无菌操作技术,用无菌镊子取出滤纸片,在试管内壁沥去多余药液,尽量保证滤纸片所含消毒剂溶液量基本一致,将滤纸片贴在混菌平板相应区域,以浸有无菌生理盐水的滤纸片作为对照(ck),如图 1-13 所示。

4.培养与观察

将上述贴好滤纸片的混菌培养皿放于 37 ℃培养箱中,倒置培养 24 h,取出观察抑菌圈的大小,并记录抑菌圈的直径。

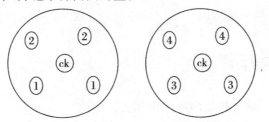

图 1-13 药敏试剂对微生物生长的影响

五、注意事项

(1)吸取菌液时要将菌液吹打均匀,保证各管中接入的菌液浓度一致。

(2)液体培养基最好用 pH 计测定 pH 后分装大试管。

(3)滤纸片事先一定要干热灭菌,浸药剂后要沥去多余药液。

六、实验报告

(1)记录不同 pH 下培养的微生物的吸光度值。

(2)测量不同消毒剂对两种菌的抑菌圈大小。

七、思考题

(1)分析比较不同消毒剂的杀菌能力,并比较两种菌对同种消毒剂的耐受性。

(2)滤纸片法抑菌实验有何优点与不足?

(3)药敏实验还可采用何种方法?

八、创新思考题

若所用菌种为明亮发光杆菌和乳酸菌,为了解化学药剂对海洋细菌的影响,则实验设计应做怎样的改动?

实验十九　细菌总 DNA 的小量制备

一、实验目的

学习细菌总 DNA 提取的原理和方法。

二、实验原理

在碱性条件下,提取 DNA 的一般过程是将分散好的细胞在含十二烷基硫酸钠(SDS)和蛋白酶 K 的溶液中消化分解蛋白质,然后用高浓度的 NaCl 沉淀蛋白质等杂质,再用苯酚和氯仿-异戊醇抽提,进一步去掉蛋白质等杂质,经乙醇沉淀,使 DNA 从所得溶液中析出。

三、实验材料

1.菌种
海洋细菌。
2.试剂
Tris-EDTA(TE)缓冲液、溶菌酶溶液(0.15 mol/L NaCl,0.1 mol/L ED-TA-2Na,15 mg/mL 溶菌酶)、10% SDS 溶液(0.1 mol/L NaCl,0.5 mol/L Tris,10% SDS,pH 8)、蛋白酶 K(20 mg/mL)、5 mol/L NaCl、苯酚-氯仿-异戊醇(体积比 25∶24∶1)、氯仿-异戊醇(体积比 24∶1)、乙醇、乙酸钠等。
3.仪器
台式高速离心机等。
4.其他材料
离心管、无菌吸头、移液器等。

四、实验步骤

(一)革兰氏阳性菌 DNA 的提取

(1)取 3~6 mL 细菌培养液,5 000 r/min 离心 10 min,弃上清液。

(2)加 500 μL TE 缓冲液至沉淀物中,用吸管反复吹打使之重悬,并加 75 μL 溶菌酶溶液(20 mg/mL),40 ℃保温 30 min。

(3)加入 50 μL 10% SDS 和 5 μL 20 mg/mL 蛋白酶 K,混匀,于 37 ℃温育 30 min。

(4)加入 750 μL 5 mol/L NaCl 充分混匀,于 65 ℃温育 10 min。

(5)加入等体积的酚-氯仿-异戊醇,混匀,5 000 r/min 离心 10 min,将上清液转入一支新管中。如果难以移出上清,先用牙签除去界面物质。

(6)用等体积的氯仿-异戊醇抽提,混匀,5 000 r/min 离心 10 min,将上清液转入一支新管。

(7)加 2 倍体积的乙醇沉淀 DNA,用一个封口的巴斯德管将沉淀转移至 1 mL 的 70%乙醇中洗涤。

(8)5 000 r/min 离心 10 min,弃上清,吸干。待乙醇挥发后,将沉淀重新溶于 50 μL TE 缓冲液,−20 ℃保存。

(二)革兰氏阴性菌 DNA 的提取

(1)取 1.2 mL 细菌培养液,6 000 r/min 离心 2 min,去上清。

(2)加 1.5 mL 溶菌酶溶液(0.15 mol/L NaCl,0.1 mol/L EDTA-2Na,15 mg/mL溶菌酶,pH 8),制成悬液。

(3)37 ℃水浴 20 min。

(4)加入 0.6 mL 10% SDS 溶液,反复颠倒混匀 10 min,10 000 r/min离心 10 min,取上清(分两管,每管各 0.6 mL)。

(5)用等体积的苯酚-氯仿-异戊醇各抽提 1 次,混合均匀(颠倒 50 次),10 000 r/min离心 10 min,吸上清0.4 mL。

(6)加入 10 μL 3 mol/L 乙酸钠和 0.8 mL 乙醇,−20 ℃沉淀 DNA 10 min,12 000 r/min 离心10 min,去上清。

(7)加入 70%乙醇 2 mL,转动离心管洗涤 2~3 次后倒去液体,吸干。待乙醇挥发后,用 30 μL TE 缓冲液溶解,−20 ℃保存。

五、注意事项

(1)采用吸附材料吸附的方式分离 DNA 时,应提供相应的缓冲体系。

(2)采用有机溶剂抽提时应充分混匀,且动作要轻。

(3)苯酚腐蚀性极强,并可引起严重灼伤,操作时应戴手套及防护镜等。所有操作均应在通风橱中进行,与苯酚接触过的皮肤部位应用大量水清洗,并用肥皂和水洗涤,忌用乙醇清洗。

(4)离心分离两相时,应保证一定的转速和时间。

(5)当沉淀时间有限时,用预冷的乙醇或异丙醇沉淀会更充分。

(6)用 70%乙醇洗涤沉淀后,要自然晾干 DNA 沉淀物,让乙醇充分挥发。

六、实验报告

(1)记录 DNA 制备中各试剂的配制方法。

(2)保存提取的 DNA,并通过琼脂凝胶电泳检测 DNA 的纯度。

七、思考题

(1)为什么用冷的 70%乙醇清洗 DNA?

(2)提取 DNA 时用到的苯酚、氯仿和异戊醇各起什么作用?

(3)为什么革兰氏阳性菌和革兰氏阴性菌的 DNA 抽提方法有差异?

实验二十 利用 PCR 技术制备基因片段

一、实验目的

(1)熟悉 PCR 的基本原理。

(2)掌握 PCR 操作技术。

(3)制备目的基因。

二、实验原理

聚合酶链式反应(Polymerase chain reaction)简称 PCR,是一项在短时间内大量扩增特定的 DNA 片段的分子生物学技术。它是在 DNA 聚合酶的催化下,以母链 DNA 为模板,以特定引物为延伸起点,经过变性、退火、延伸等步骤,体外复制出与母链模板 DNA 互补的子链 DNA 的过程。该技术具有特异、敏感、产率高、快速、简便、重复性好、易自动化等突出优点,可用于基因分离克隆、序列分析、基因表达调控及基因多态性研究等。

三、实验材料

1.仪器

PCR 仪、电泳仪、凝胶成像系统、PCR 管离心机等。

2.试剂

无菌水、20 mmol/L 4 种 dNTP 混合液(pH 8.0)、10×PCR 缓冲液、Taq DNA 聚合酶、模板(实验十九提取的细菌总 DNA)等。

3.材料

无菌 PCR 管、胶回收试剂盒、移液器及无菌吸头。

四、实验步骤

(1)按表1-10所列次序,将各成分加入无菌PCR管中(以下加样量供参考)。

表1-10　PCR体系各成分及加样量

成分	加样量/μL
10×PCR缓冲液	5
20 mmol/L 4种dNTP混合液(pH 8.0)	1

续表

成分	加样量/μL
20 μmol/L 正向引物	0.5
20 μmol/L 反向引物	0.5
1~5 U/μL Taq DNA聚合酶	0.5
双蒸水	42
模板	0.5
总体积	50

将上述管中成分用吸头混合均匀,注意不要产生气泡。如果有液体留在管壁上,可以使用PCR管离心机短暂离心。

(2)根据厂商的操作手册设置PCR仪的循环程序,可参考表1-11。

表1-11　PCR程序

循环数	变性	退火	延伸
30	95 ℃,30 s	55 ℃,30 s	72 ℃,1 min
1(末轮循环)	95 ℃,1 min	55 ℃,30 s	72 ℃,10 min

(3)PCR结束后,取10 μL产物进行琼脂糖凝胶电泳。观察胶上是否有预计的主要产物带。参照试剂盒说明书对正确的DNA条带进行胶回收,制备的DNA样品溶液置于−20 ℃保存备用。

五、注意事项

(1)模板、引物不同,退火温度可能不同,需要根据实际情况设计退火温度。

(2)延伸时间取决于目的片段的长度。

(3)所有试剂都应该没有核酸和核酸酶的污染。

(4)PCR 试剂配制应使用高质量的新鲜双蒸水。

(5)试剂或样品准备过程中都要使用灭菌的一次性塑料瓶和管,玻璃器皿洗涤干净并高压灭菌。

六、实验报告

用凝胶成像系统拍下电泳照片,记录 PCR 产物 DNA 片段的大小。

七、思考题

(1)退火温度如何确定?

(2)为什么 PCR 程序最后要延伸 10 min?

(3)你的实验中是否有非特异性扩增产物或引物二聚体? 如何才能消除?

第二部分　综合性实验

　　综合性实验是指实验内容涉及本课程的综合知识或与本课程相关课程知识的实验，是学生在掌握一定的基础理论知识和基本操作技能的基础上，运用某一门课程或多门课程知识对实验技能和实验方法进行综合训练的一种复合性实验。微生物学实验作为一门基础生物实验课程，实验内容繁杂，操作技能要求高，只有在开设基础性实验的基础上，方可开设综合性实验，才能够让学生在有限的实验学时内既学到娴熟而牢固的实验技能，又开阔了自己的微生物知识视野。

近岸海水细菌学水质指标的测定

海洋细菌在自然海域中既是分解者,又是生产者,特别是那些在数量上占绝对优势的异养微生物菌群。它们通过分解有机物而取得营养物质和能源,同时进行有机物的矿化作用,从而使营养盐再生。它们也是水域食物链的重要一环,是微生物的重要构成部分,所以通常以它们的细胞数量和种群组成来评价水质的营养状况和水域的环境条件。调查某一海域中异养细菌数量的变化和某些特殊生理类群的细菌的生态分布,可以为了解该海域的环境条件、污染状况以及生境的退化和修复提供基础资料。海洋中细菌数量分布的规律是近海区的细菌密度较大洋大,内湾与河口内密度尤大;表层水和水底泥界面处细菌密度较深层水大,一般底泥中较海水中大。在海洋调查时常发现某一水层中细菌数量剧增,这种微区分布现象主要取决于海水中有机物质的分布状况。一般在赤潮之后往往伴随着细菌数量增长的高峰。有研究者试图利用微生物分布状况来指示不同水团或温跃层界面处有机物质积聚的特点,进而分析水团来源或转移的规律。20 世纪 50 年代以来,我国对胶州湾、厦门沿海、三亚湾和榆林湾、秦山核电站周围海域、宁波近海、南麂列岛附近海域等海水中的细菌进行了调查和研究。

长期以来,对水体细菌的计数方法主要采用物理法(常用于总菌落计数,如显微镜直接计数法、直接涂片计数法、比浊计数法等)和生物学法(常用于活菌计数,如平板培养计数法、最近似数测定法、还原计数法等)。目前国内测定水体细菌总数的检测标准(GB/T 5750.12—2006)实施的检测方法为平皿计数法,报告方式为细菌菌落总数(CFU/mL)。海水中细菌种类较多,对营养和生长条件的要求差别较大,培养条件(培养基、pH、温度、气体条件等)不可能对任何一种细菌生长繁殖都适合,仅有 1% 的细菌可通过传统的培养方法在培养基上得到培养,绝大多数细菌要求非常严格的营养条件或难以培养。培养基平皿上生长出来的菌落数仅是水体细菌总数的近似值,往往小于实际值,而且任何污染都会造成错误结果。计数时形成的菌落并不完全是一个细菌形成的,样品中的细菌通常以团块状或链条状排列存在,特别在繁殖活跃期往往集聚成团,在稀释样品时也不能完全分开。因此,无论应用何种方法进行细菌的检测都存在着局限性,尤其对处于休眠状态和死亡细菌的检测难度更大。为此,建立一种快速、准确、灵敏的水体细菌总数测定方法,对实时监测和有效调节近海水体

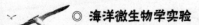

环境细菌数量、保障近海养殖水生动物质量安全具有极为重要的现实意义,也是污染控制、污水处理、水生动物疾病预防与控制的迫切需要。

本组实验包括:

——实验一　荧光显微计数法测定近岸海水中的细菌总数;

——实验二　平板计数法测定近岸海水中的异养细菌总数;

——实验三　多管发酵法测定近岸海水中的大肠菌群数。

实验一 荧光显微计数法测定近岸海水中的细菌总数

一、实验目的

(1)掌握物理计数法与生物计数法的操作方法及适用范围。

(2)掌握荧光显微计数法的原理及操作方法。

二、实验材料

1.器材

荧光显微镜、电子天平、电位 pH 计、超净工作台、高压灭菌锅、采样瓶(50 mL螺盖聚丙烯塑料瓶)、醋酸纤维滤膜(直径 25 mm,孔径 0.22 μm)、过滤器(包含抽滤管)、量筒(容量 20 mL)、镊子(平头)、酒精灯、盖玻片、载玻片等。

2.染色液和试剂

(1)40%甲醛溶液。

(2)0.002%萘啶酸溶液:称 0.002 g 萘啶酸加入 100 mL 无菌水,待萘啶酸充分溶解后,经 0.22 μm 滤膜过滤灭菌,置于灭菌试剂瓶室温保存。

(3)0.025%酵母膏溶液:称 0.025 g 酵母膏加入 100 mL 无菌水,加热,充分溶解后,经 0.22 μm 滤膜过滤灭菌,置于灭菌试剂瓶室温保存。

(4)4% NaOH 溶液:称 NaOH 4 g,加入 100 mL 无菌水。

(5)磷酸盐缓冲液(pH 7.2±0.05):称 34 g KH$_2$PO$_4$,加入 500 mL 无菌水,待 KH$_2$PO$_4$ 充分溶解后,用 NaOH 溶液调整 pH 至 7.2±0.05,4 ℃保存。

(6)0.1%吖啶橙染色溶液:称 10 mg 吖啶橙放入 100 mL 磷酸盐缓冲液中,充分溶解后,经 0.22 μm 滤膜过滤灭菌,置于灭菌棕色试剂瓶室温保存,有效期 6 个月。操作时需戴手套。

(7)苏丹黑 B 溶液:称 100 mg 苏丹黑 B 放入 75mL 无水乙醇,待苏丹黑 B 在乙醇中充分溶解后,再与75 mL无菌水混合,经 0.22 μm 滤膜过滤灭菌,置于棕色试剂瓶暗处保存,有效期 6 个月。

(8)0.5 mol/L 碳酸盐缓冲液(pH 9.0～9.5):称 3.7 g NaHCO$_3$ 和 0.6 g

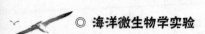

Na₂CO₃放入 600 mL 无菌水,充分溶解后置于试剂瓶密封保存。

(9)缓冲甘油封片剂:取 10 mL 碳酸盐缓冲液(pH 9.0~9.5)和 90 mL 无荧光甘油,在搅拌器上充分混匀后 4℃保存,待气泡排除后方可使用。

(10)无荧光显微镜镜油 Type FF。

三、实验步骤

1. 准备

采样瓶使用前用 5% HCl 溶液浸泡 1 h 以上,0.22 μm 滤膜过滤的双蒸去离子水清洗,密闭包装后置于 121 ℃高压灭菌锅灭菌 20 min,冷却后于无菌室保存备用。醋酸纤维滤膜用苏丹黑 B 溶液浸泡 24 h,消除滤膜自发荧光。

2. 样品处理

取待检水样 50 mL 于灭菌采样瓶中,采样时不需用水样冲洗采样瓶。如果待检水样不能立即进行细菌计数,可在水样中加入 1:20(V:V)的甲醛溶液,至甲醛终浓度为 2%,可在 4 ℃保存 1 个月。

3. 水样检测制片制备

(1)取固定后的水样 1 mL,使用抽滤装置,缓慢释放真空过滤。

(2)无菌吸取吖啶橙染液 3 mL,充分覆盖滤膜,缓慢释放真空过滤染色 3~5 min。

(3)移走滤器,空气干燥 15 s,用灭菌镊子取下滤膜。

(4)在洁净的载玻片上加一小滴无荧光镜油,贴上滤膜,滤膜载菌面朝上。

(5)在盖玻片上加一小滴无荧光镜油,具油面朝下,用镊子轻压盖紧滤膜,滤膜上、下两面放置不能有气泡。

(6)用封片剂将盖玻片四周封固,用于计数。如不能立即计数,可将制片在 −20 ℃条件下保存 2~3 周。

4. 计数和结果判断

(1)使用落射荧光显微镜蓝色激光道,紫外光波长 450 nm。

(2)镜检计数视野中的荧光菌体,发黄绿色到绿色荧光的为活菌体细胞,发橙色到红色荧光的为死亡菌体细胞。

(3)计数 10 个随机视野,每个视野菌数为 50~300 个为好,求平均值。若视野中菌数远大于 300 个,则将待检水样用生理盐水稀释后重新过滤染色,再进行计数。

(4)每次测定计数时,应使用无菌水为阴性对照,以控制样品处理过程中污染进入的颗粒干扰。阴性对照每个视野不得出现 1 个以上细菌。

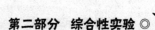

5.计数

依据样品中细菌菌落计数,按公式(2-1)计算每升水样中的细菌菌落总数。

$$BN = \frac{N_a \times S}{S_f \times (1-0.05) \times V}$$
(2-1)

其中,BN 表示样品含菌数,单位为个/升;N_a 表示各视野平均菌数,单位为个;S 表示滤膜实际过滤面积,单位为 mm^2;S_f 表示显微镜视野面积,单位为 mm^2;V 表示过滤样品量,单位为 L;0.05 为加入甲醛溶液占固定样品总体积的比例。

实验二　平板计数法测定近岸海水中的异养细菌总数

一、实验目的

(1)学习水样的采集方法。

(2)学习平板菌落计数的基本原理和方法。

二、实验材料

1.器材

恒温培养箱、干热灭菌箱、高压蒸汽灭菌锅、培养皿、移液器及吸头、试管、纱布和棉花(塞试管用)、广口瓶采样瓶(250 mL)、涂布器、锥形瓶、牛皮纸、线绳、电炉、精密 pH 试纸、超净工作台等。

2.试剂

(1)NaOH 溶液(160 g/L):称取 NaOH 160 g,溶于1 000 mL 蒸馏水中。

(2)吐温溶液:取 1 mL 吐温,溶于 2 000 mL 蒸馏水中。

3.培养基

2216E 培养基。

三、实验步骤

1.样品的采集

(1)采样瓶灭菌:使用可耐灭菌处理的广口玻璃瓶或无毒的塑料瓶。灭菌前,把具有玻璃瓶塞的采样瓶用铝箔或厚的牛皮纸包裹,瓶顶和瓶颈都要裹好,瓶颈系一长绳,在121 ℃经 15 min 高压灭菌。有的塑料瓶用蒸汽灭菌会扭曲变形,可用低温的氯化乙烯气体灭菌。

(2)近岸水样采集:开瓶塞时,要连同铝箔或牛皮纸一起拿开,以免沾污。手执长绳的末端,将采样瓶投入选定的海水,采集水面下约 10 cm 处的水样(若需分层采样则采用击开式或颠倒式采水器)。采好的水样需盖紧瓶塞,编好瓶号,记录水样号,取样点纬度、经度,最大水深,水层,潮汐,气温,采样时间,水温,盐度和 pH。瓶内要留下足够的空间(至少 2.5 cm 高),以备在检验前摇晃混匀。(注意:样品应及时送检,时间不得超过 2 h,否则,水样应放置冰箱保存,但保存时间不应超过 6 h。)

2.测定方法

(1)依水样量,按 100 mL 水样加 1 mL 吐温溶液,充分摇匀,使样品中的细菌细胞分散成单一细胞。

(2)以无菌操作法吸取 1 mL 水样注入盛有 9 mL 灭菌陈海水的试管混匀,并依次连续稀释至所需要的稀释度。稀释度依水样含菌量而定,以每平皿的菌落数在 30~300 个为宜,每种稀释度需有 3 个平行样。

(3)取 0.1 mL 稀释水样,滴到制好的平皿上,用灭菌涂布器将菌液涂抹均匀,平放于超净工作台上 20~30 min,使菌液渗入培养基。

(4)将平皿置于 25 ℃恒温箱内培养 7 d 后取出,计数菌落。

3.菌落计数方法

(1)当平皿上出现较大片菌苔时,不应计数。

(2)选择菌落数在 30~300 个的平皿,以平均菌落数乘以稀释倍数,即为该水样的细菌数。

(3)若有两稀释度的平均菌落数均在 30~300 个,则应按两者菌落数之比值决定。比值小于 2,取两者的平均数;若大于 2,取其较少的菌落数。

(4)若各个稀释度的平均菌落数均大于 300,则以稀释度最高(浓度最低)的平均菌落数乘以稀释倍数。

(5)若各个稀释度的平均菌落数均小于 30,则用稀释度最低(浓度最高)的平均菌落数乘以其稀释倍数。

(6)若所有稀释度都没有长出菌落,报告数为每克或每毫升小于 10 个。

(7)菌落计数报告以其最低稀释倍数记录。如最低稀释倍数为 1:100,则报告其菌落数小于 100。菌落数在 10 以内时,按实有数值报告。菌落数大于 100 时,采用两位有效数字后面的数值,应以四舍五入法计算,为了缩短数字后面零的个数,可用 10 的指数来表示。在报告菌落数为"不可计"时,应注明样品的稀释度。

4.实验结果记录与计算

参考表 2-1,计算本次采样所测异养细菌总数。

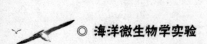
表 2-1 菌落总数计数报告

例次	稀释液及菌落数(个/毫升)			两稀释液之比	菌落总数(个/克或个/毫升)	报告方式(个/克或个/毫升)
	10^{-1}	10^{-2}	10^{-3}			
1	不可计	不可计	不可计	—	不可计	不可计
2	1 365	164	20	—	16 400	1.6×10^4
3	2 760	295	46	1.6	37 750	3.8×10^4
4	2 890	271	60	2.2	27 100	2.7×10^4
5	不可计	4 650	513	—	513 000	5.1×10^5
6	27	11	5	—	270	2.7×10^2
7	不可计	305	12	—	30 500	3.1×10^4
8	0	0	0	—	<10	<10

实验三 多管发酵法测定近岸海水中的大肠菌群数

一、实验目的

(1)了解大肠杆菌数量与水质状态的关系。

(2)掌握多管发酵法测定海水中大肠菌群数的方法。

二、实验材料

1.器材

恒温培养箱、干热灭菌箱、高压蒸汽灭菌锅、光学显微镜、培养皿、移液器及吸头、试管、纱布和棉花(塞试管用)、广口瓶、采样瓶、接种环、锥形瓶、牛皮纸、线绳、电炉、精密 pH 试纸、载玻片、超净工作台等。

2.试剂

NaOH 溶液(160 g/L)、革兰氏染色液。

3.培养基

(1)乳糖蛋白胨培养液(蛋白胨 10 g、牛肉膏 3 g、乳糖 5 g、NaCl 5 g、1.6% 溴甲酚紫乙醇溶液 1 mL、陈海水 1 000 mL,最终 pH 7.3±0.2):先将前 4 种物质加热溶解于 1 000 mL 灭菌海水中,调节 pH 为 7.2~7.4,再加入 1.6% 溴甲酚紫乙醇溶液 1 mL,混匀,分装于含有倒置小玻璃管的试管中,于 115 ℃灭菌 20 min,贮存于暗处备用。

(2)3 倍浓缩乳糖蛋白胨培养液(蛋白胨 30 g、牛肉膏 9 g、乳糖 15 g、NaCl 15 g、1.6% 溴甲酚紫乙醇溶液 3 mL、陈海水 1 000 mL,最终 pH 7.3±0.2):配制方法同上述乳糖蛋白胨培养液。

(3)平板培养基制备:

①品红 Na$_2$SO$_3$ 培养基的配方:蛋白胨 10 g、酵母膏 5 g、牛肉膏 5 g、乳糖 10 g、琼脂 15 g、K$_2$HPO$_4$ 3.5 g、无水 Na$_2$SO$_3$ 5 g、碱性品红 1 g、陈海水 1 000 mL,最

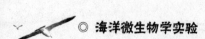

终 pH 7.2±0.2。

贮备培养基的制备:先将琼脂加至 900 mL 灭菌海水中,加热溶解,然后加入 K_2HPO_4 及蛋白胨,混匀使其溶解,再以灭菌海水补足至 1 000 mL,调节 pH 为 7.2～7.4,趁热用脱脂棉或多层纱布过滤,再加入乳糖,混匀后定量分装于烧瓶内,在 115 ℃灭菌 20 min,置于暗处备用。

品红 Na_2SO_3 平板培养基的制备:将上述培养基加热熔化,无菌操作,根据瓶内培养基的容量,用灭菌吸管按 1∶50 的比例吸取一定量的 5‰碱性品红乙醇溶液置于经过灭菌空试管中,再按 1∶200 的比例称取所需的无水 Na_2SO_3 置于另一灭菌空试管中,加少量灭菌水使其溶解,再置于沸水浴中煮沸 10 min 灭菌。用灭菌吸管吸取已灭菌的 Na_2SO_3 溶液,滴加于碱性品红乙醇溶液内至深红色退成淡红色为止(不宜多加)。将此混合液全部加入已熔化的贮备培养基,并充分混匀(防止气泡产生)。立即将培养基适量(约 15 mL)倾入已灭菌的空平皿,待其冷却,除皿盖上的水后备用。

②伊红-亚甲蓝(EMB)琼脂培养基的配方:蛋白胨 10 g、乳糖 10 g、K_2HPO_4 2 g、琼脂 15 g、伊红 0.4 g、亚甲蓝 0.065 g、碱性品红 1 g、陈海水 1 000 mL,最终 pH 7.2±0.2。

贮备培养基的制备同品红 Na_2SO_3 贮备培养基的制备。

伊红-亚甲蓝平板培养基的制备:将上述培养基加热熔化,无菌操作,根据瓶内培养基的容量,用灭菌吸管按比例分别吸取一定量已灭菌的 2%伊红水溶液(0.4 g 伊红溶于 20 mL 水中)和已灭菌的 0.5%亚甲蓝水溶液(0.065 g 亚甲蓝溶于 13 mL 水中),加入已熔化的贮备培养基,并充分混匀,立即将此培养基(15～20 mL)倒入灭菌的空培养皿,待冷却凝固后备用。

三、实验步骤

1. 样品的采集
水样的采集见本组实验的实验一。

2. 样品准备
根据预计的污水样品中总大肠菌群数确定污水样品接种量。总大肠菌群数相对较少时,接种量一般为 10 mL、1 mL、0.1 mL;总大肠菌群数较多时,接种量为 1 mL、0.1 mL、0.01 mL 或 0.1 mL、0.01 mL、0.001 mL。

接种量少于 1 mL 时,水样应制成稀释样品后供发酵实验使用。接种量为 0.1 mL、0.01 mL 时,取稀释比分别为 1∶10、1∶100。其他接种量的稀释比依次类推。

1∶10 稀释样品的操作方法:吸取 1 mL 水样,注入盛有 9 mL 灭菌水的试管,混匀,制成 1∶10 稀释样品。因此,取 1 mL 1∶10 稀释样品,等于取 0.1 mL 污水样品。其他稀释比的稀释样品同法制作。

3.测定方法

(1)初发酵实验。在 5 支装有 5 mL 已灭菌的 3 倍乳糖蛋白胨培养液的试管中(内有倒管),以无菌操作加入充分混匀的水样 10 mL;在 5 支装有 10 mL 已灭菌的单倍乳糖蛋白胨培养液的试管中(内有倒管),以无菌操作加入充分混匀的水样 1 mL;在 5 支装有 10 mL 已灭菌的单倍乳糖蛋白胨培养液的试管中(内有倒管),以无菌操作加入充分混匀的 1∶10 稀释的水样 1 mL。置于 37 ℃ 培养箱培养 24 h。

(2)平板分离。经初发酵实验培养 24 h 后,发酵管颜色变黄为产酸,小玻璃倒管内有气泡为产气。将产酸产气及只产酸的发酵管内的菌分别接种于伊红-亚甲蓝培养基上,置于 37 ℃培养箱培养 18～24 h。

(3)鉴定。挑选可疑大肠菌群菌落,进行革兰氏染色和镜检。可疑菌落有:

伊红-亚甲蓝培养基上:深紫黑色,具有金属光泽的菌落;紫黑色,不带或略带金属光泽的菌落;淡紫红色,中心色较深的菌落。

品红亚硫酸钠培养基上:紫红色,具有金属光泽的菌落;深红色,不带或略带金属光泽的菌落;淡红色,中心色较深的菌落。

上述涂片镜检的菌落如为革兰氏阴性无芽孢杆菌,则挑选上述典型菌落 1～3 个接种于普通乳糖蛋白胨培养液中,置于 37 ℃培养箱培养 24 h。

(4)计数。根据证实有总大肠菌群存在的阳性管数,查表 2-2 可得 100 mL 污水中总大肠菌群 MPN 值,求出 1 L 水中的总大肠菌群数。

表 2-2　大肠菌群 MPN 检索表

阳性管数			MPN	95％可信限		阳性管数			MPN	95％可信限	
0.10	0.01	0.001		下限	上限	0.10	0.01	0.001		下限	上限
0	0	0	<3.0	—	9.5	2	2	0	21	4.5	42
0	0	1	3.0	0.15	9.6	2	2	1	28	8.7	94
0	1	0	3.0	0.15	11	2	2	2	35	8.7	94
0	1	1	6.1	1.2	18	2	3	0	29	8.7	94
0	2	0	6.2	1.2	18	2	3	1	36	8.7	94
0	3	0	9.4	3.6	38	3	0	0	23	4.6	94
1	0	0	3.6	0.17	18	3	0	1	38	8.7	110
1	0	1	7.2	1.3	18	3	0	2	64	17	180
1	0	2	11	3.6	38	3	1	0	43	9	200
1	1	0	7.4	1.3	20	3	1	1	75	17	420
1	1	1	11	3.6	38	3	1	2	120	37	420
1	2	0	11	3.6	42	3	1	3	160	40	420
1	2	1	15	4.5	42	3	2	0	93	18	420
1	3	0	16	4.5	42	3	2	1	150	37	420
2	0	0	9.2	1.4	38	3	2	2	210	40	430
2	0	1	14	3.6	42	3	2	3	290	90	1 000
2	0	2	20	4.5	42	3	3	0	240	42	1 000
2	1	0	15	3.7	42	3	3	1	460	90	2000
2	1	1	20	4.5	42	3	3	2	1100	180	4100
2	1	2	27	8.7	94	3	3	3	>1100	420	—

　　注:本表采用 3 个稀释度(0.1 mL、0.01 mL、0.001 mL),每个稀释度接种 3 管。表内所列检样量如改用 1 mL、0.1 mL、0.01 mL,表内数字应相应降低 10 倍;如改用0.01 mL、0.001 mL、0.0001 mL,表内数字应相应升高 10 倍。其余类推。

海鱼肠道内容物中乳酸菌的分离鉴定及吸附重金属特性

乳酸菌(Lactic acid bacteria,LAB)是以糖类为能源、以乳酸为产物的一类非芽孢革兰氏阳性菌的统称,菌体大多是杆状、短杆状、球状,常排成链状,也有成对的,大多数不能运动,有少数以周毛运动。目前,自然界中已发现的乳酸菌有43属373种及亚种,常见的有乳球菌属(*Lactococcus*)、乳酸杆菌属(*Lactobacillus*)、双歧杆菌属(*Bifidobacterium*)、肠球菌属(*Enterococcus*)、明串珠菌属(*Leuconostoc*)、魏斯氏菌属(*Weissella*)、链球菌属(*Sterptococcus*)。目前对乳酸菌的分类鉴定以表型特征和生物学特性为依据。这种分类鉴定方法也有其局限性。该法耗时耗力,培养条件的改变可能会导致结果发生变化,并且仅依靠主观选择的特征,很难对某些生理生化特性区别不明显的乳酸菌进行有效的区分。随着分子生物学同其相关技术的发展,分子标记技术可以快速、准确、灵敏地分类并且鉴定乳酸菌。

乳酸菌在自然界分布极为广泛,具有丰富的物种多样性。它们不仅是研究分类、生化、遗传、分子生物学和基因工程的理想材料,在理论上具有重要的学术价值,而且在工业、农牧业、食品和医药等与人类生活密切相关的重要领域应用价值也极高。近年来研究发现乳酸菌具有吸附及积累重金属离子的特性。乳酸菌作为自然环境中普遍存在的一种安全可食用微生物,在生物修复重金属毒素污染方面,将发挥不可代替的独有优势。

我国南海海域广阔,海洋生物资源丰富,种类繁多。特殊的海洋生存环境使海洋生物具有与陆地生物不同的生理性状,并产生许多结构新颖、作用特殊的生物活性物质,是乳酸菌新种和具有特殊功能的生物活性物质的重大来源。

本组实验包括:

——实验一 海鱼肠道中乳酸菌的分离;

——实验二 乳酸菌的生理生化鉴定;

——实验三 乳酸菌的分子生物学鉴定;

——实验四 乳酸菌对海水中重金属铅离子的吸附研究。

实验一　　海鱼肠道中乳酸菌的分离

一、实验目的

掌握从海鱼中分离乳酸菌的方法及菌落培养特征。

二、实验材料

1. 器材

高温灭菌锅、电热鼓风干燥箱、智能生化培养箱、冰箱、超净工作台、电子天平、恒温振荡器、电子调温万用电炉、光学显微镜。

2. 染色液和试剂

(1)0.5% 溴甲酚紫溶液:取 0.5 g 溴甲酚紫,加入无水乙醇,定容到 100 mL。

(2)CaCO$_3$ 乳浊液:称 20 g CaCO$_3$,加入 100 mL 蒸馏水,摇晃制成乳浊液。

(3)革兰氏染色液。

(4)脱脂牛奶:取 20 g 脱脂奶粉,加入 100 mL 蒸馏水,摇匀。

3. 培养基

(1)MRS 培养基:海盐 2 g、蛋白胨 10 g、牛肉膏 10 g、酵母膏 5 g、葡萄糖 20 g、吐温 80 1 mL、琼脂 20 g、K$_2$HPO$_4$ 2 g、醋酸钠 5 g、柠檬酸二铵 2 g、MgSO$_4$ • 7H$_2$O 2g、MnSO$_4$ • 4H$_2$O 0.25 g、蒸馏水 1 000 mL,pH 6.2~6.6,121 ℃灭菌 20 min。

(2)马铃薯牛奶培养基:取新鲜马铃薯 200 g,去皮后切碎,放入锅内,加 500 mL蒸馏水,煮沸后用 4 层纱布过滤,取出滤液,加海盐 2 g、酵母膏 5 g、琼脂 20 g、加水至 900 mL,调 pH 至 7.0。与脱脂牛奶分别灭菌,在倒平板前混合。

(3)番茄汁 CaCO$_3$ 培养基:海盐 2 g、葡萄糖 10 g、酵母膏 7.5 g、CaCO$_3$ 2 g、蛋白胨 7.5 g、K$_2$HPO$_4$ 1 g、吐温 80 0.5 mL、琼脂 20 g、新鲜番茄榨汁 100 mL、自来水 900 mL,pH 7.0,121 ℃灭菌 20 min。

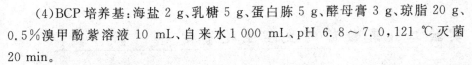

(4)BCP培养基:海盐2 g、乳糖5 g、蛋白胨5 g、酵母膏3 g、琼脂20 g、0.5%溴甲酚紫溶液10 mL、自来水1 000 mL,pH 6.8~7.0,121 ℃灭菌20 min。

(5)改良MC培养基:海盐2 g、牛肉膏5 g、蛋白胨5 g、酵母膏5 g、葡萄糖20 g、乳糖20 g、$CaCO_3$ 10 g、琼脂20 g、中性红0.05 g,pH 6.3~6.7,补充蒸馏水至1 000 mL,同之前配制的$CaCO_3$乳浊液分别灭菌。倒平板前,在培养基熔化冷却后,平板上加一定量的$CaCO_3$乳浊液。

三、实验步骤

1.乳酸菌悬液的制备

在无菌操作台内用消毒好的剪刀和镊子,分别将点篮子鱼、黄姑鱼、金线鱼肠道取出,将内容物挤出来后分别称取10 g肠道内容物置于90 mL无菌海水中,用旋涡混合器混匀,即得10^{-1}的样品菌悬液。用移液器从10^{-1}的样品菌悬液中吸取1 mL,注入事先准备好的装有9 mL无菌生理盐水的试管中,摇匀,即得10^{-2}样品菌悬液。同法依次稀释成稀释度为10^{-3}、10^{-4}、10^{-5}的样品菌悬液,备用。

2.稀释涂布平板

分别从10^{-3}、10^{-4}、10^{-5} 3个稀释度的样品菌悬液中吸取0.1 mL稀释液,分别涂布于不同的乳酸菌分离培养基上,每个稀释度涂布3个平板,37 ℃培养48 h。

3.乳酸菌的确定

(1)乳酸菌的挑选:将有溶钙圈的白色菌落或黄色圆形光滑小菌进行纯化,观察记录菌落形态并给菌株进行编号。

(2)革兰氏染色:将纯化的有溶钙圈的菌株按革兰氏染色试剂盒说明书进行操作,用显微镜观察并记录革兰氏染色呈阳性的菌株形态,再做进一步确认。

4.乳酸菌保存

将平板上的菌接种至MRS斜面固体培养基上,于37 ℃培养24 h,菌长满斜面后,移至4 ℃冰箱短期保存。

实验二　乳酸菌的生理生化鉴定

一、实验目的

(1)学习与掌握乳酸菌鉴定中常用的主要生理生化反应实验法及原理。

(2)了解生理生化反应在乳酸菌鉴定中的作用。

二、实验材料

1.器材

三角瓶、培养皿、精密 pH 试纸、试管、电子天平、恒温培养箱、高压灭菌锅、冰箱、杜氏发酵管、无菌操作台等。

2.试剂

2.5％石蕊水溶液、1.6％溴甲酚紫溶液、吐温 80、脱脂牛奶、3％ H_2O_2 溶液（取 3 g H_2O_2，加入纯净水，定容到 100 mL）。

3.培养基

(1)牛肉膏蛋白胨半固体培养基：牛肉膏 3 g、蛋白胨 10 g、NaCl 5 g、琼脂 4 g、蒸馏水 1 000 mL，pH 7.2～7.6。将各成分溶解于水中，加热至沸腾，分装至试管中。

(2)石蕊牛奶培养基：2.5％石蕊水溶液 4 mL、脱脂牛奶 100 mL，分装至试管，115 ℃灭菌 20 min。

(3)糖发酵培养基：蛋白胨 20 g、NaCl 5 g、1.6％溴甲酚紫溶液 1 mL、葡萄糖 10 g、蒸馏水 1 000 mL，121 ℃下灭菌 15 min。

(4)产 H_2S 培养基：蛋白胨 10 g、NaCl 5 g、牛肉膏 10 g、半胱氨酸 0.5 g、蒸馏水 1 000 mL，pH 7.0～7.4，121 ℃灭菌 15 min。

(5)6.5％NaCl 培养液：NaCl 65 g、蛋白胨 10 g、牛肉膏 10 g、酵母膏 5 g、葡萄糖 20 g、吐温 80 1 mL、K_2HPO_4 2 g、醋酸钠 5 g、柠檬酸二铵 2 g、$MgSO_4 \cdot 7H_2O$ 2 g、$MnSO_4 \cdot 4H_2O$ 0.25 g、蒸馏水 1 000 mL，pH 6.2～6.6，121 ℃灭菌 20 min。

三、实验步骤

1.运动性观察

将分离出的菌株利用接种针,穿刺接入装有牛肉膏蛋白胨半固体培养基的试管,竖直放入 37 ℃恒温培养箱,待生长 3 d 后观察。

2.石蕊牛奶实验

将分离出的菌株接种于石蕊牛奶培养基试管中培养,另外保留一支不接种的石蕊牛奶培养基试管作为对照。一同放入 37 ℃恒温培养箱培养 7 d 后取出,观察不同接种菌株试管内的状况。

3.过氧化氢酶实验

将分离出的菌株挑出,放到洁净的载玻片上,滴加 3‰ H_2O_2 溶液,观察有无气泡。若有气泡,则过氧化氢酶呈阳性反应;若无气泡,则过氧化氢酶呈阴性反应。选取过氧化氢酶呈阴性反应的菌株做下一步的产酸实验。观察记录结果。

4.糖发酵产酸产气实验

将分离出的菌株接种于糖发酵培养基,将杜氏发酵管倒放入试管。设置不接种菌株的作为对照组,一同放入 37 ℃恒温培养箱培养。培养液变黄色,表明产酸,确定为阳性反应。3 d 后取出观察,做好记录。

5.产 H_2S 实验

将产 H_2S 培养基分装入试管,将分离出的菌株接入,用无菌镊子将醋酸铅试纸悬挂于试管内,下端接近培养基液面但不能接触。用棉花将试管口封住,将不接种菌株的试管设为对照组。一同放入 37 ℃恒温培养箱,培养 2 d 后,取出观察试纸情况,做好记录。

6.6.5‰NaCl 培养液实验

将分离出的菌株分别接种到培养液中,放入 37 ℃恒温培养箱培养 7 d 后取出观察,做好记录。

7.温度变化

将分离后的菌株分别接种到 MRS 固体斜面培养基中,分别放入 10 ℃和 45 ℃的恒温培养箱中培养,7 d 后取出观察,做好记录。

实验三　乳酸菌的分子生物学鉴定

一、实验目的

掌握乳酸菌总 DNA 的提取方法；掌握 PCR 扩增操作方法；能对测序结果进行分析。

二、实验材料

1. 器材

离心机、PCR 仪、mini 型电泳槽、移液器等。

2. 试剂

Qiagen Plus Kit A 试剂盒、Tris 碱、H_3BO_3、琼脂糖、EDTA 等。

正向引物（A27F：CTACGGCTACCTTGTTACGA）、反向引物（A1495R：AGAGTTTGATCCTGGCTCAG）均由 Invitrogen 公司合成。

PCR 体系采用 Thermo Scientific DreamTaq™ Green PCR Master Mix（2×）。

三、实验步骤

1. 总 DNA 的提取（Qiagen 试剂盒法）

（1）将乳酸菌用 MRS 液体培养 8 h 后，吸取 1 mL 培养液到一支 2 mL 的微量离心管中，12 000 r/min 离心 5 min。用吸管除去上清液，注意不要扰乱沉淀。

（2）加 400 μL Fast Lysis Buffer 到上述离心管中，盖紧管盖，短时间内剧烈振荡，使沉淀重悬。一些培养基的存在可能给菌体沉淀染上颜色。如果大量的培养基的颜色进入 DNA 溶液，PCR 反应的荧光检测就会受到影响。可将菌体 12 000 r/min 离心 5 min 并洗涤至少两次，然后重悬至 500 μL Fast Lysis Buffer 中，直至细菌重悬液没有颜色。

（3）将整个混合液转移到试剂盒提供的 Pathogen Lysis Tube 中。盖紧管盖，垂直或水平固定在漩涡振荡器上,以最大振荡速度振荡 10 min,再 12 000 r/min 离心 5 min。

(4)将 100 μL 上清液转移至新的 1.5 mL 微量离心管中。利用上清液的一部分直接进行 PCR 反应。如果不需要检测活菌的含量,可以丢弃剩下的上清液。上清液在 2~8 ℃下可保存 1 周,−20 ℃下可保存 3 周。

2.PCR 扩增

(1)PCR 反应体系:正向引物与反向引物用灭菌超纯水稀释至 0.1 nmol/μL 后振荡混匀,各取 10 μL 加到一支 1.5 mL 离心管中,加灭菌超纯水 180 μL,振荡混匀,−20 ℃保存。使用前取出融化后,按 PCR 反应体系(表 2-3)添加。

表 2-3　PCR 反应体系

成分	体积/μL
DreamTaq™ Green PCR Master Mix（2×）	25
A27F＋A1495R	10
模板 DNA	1
去离子水	14

(2)PCR 反应条件:

①预变性:94 ℃,5 min;

②变性:94 ℃,1 min;

③退火:58 ℃,1 min;

④延伸:72 ℃,2 min;

⑤重复步骤②~④30 次;

⑥延伸:72 ℃,10 min;

⑦保温:4 ℃。

(3)PCR 产物的电泳检测:

配制 0.8%琼脂糖凝胶,40~50 ℃时加入核酸染料(添加量为 0.1 μL/mL)。适量的 Loading Buffer 分别与 Marker 和 PCR 产物(3 μL)混匀后添加到点样孔中。电泳条件:电压 50 V(电流不用设置),时间 60 min。此电泳条件只适用于 mini 型电泳槽。电泳结束后,在紫外灯下观察结果。

3.测序及发育树的建立

将 PCR 扩增条带送样测序,用 NCBI BLAST 软件在 GenBank 数据库中对测序结果进行同源性检索,采用 ClustalX 1.83 软件进行多序列比对,应用 MEGA 5.0 构建 16S rRNA 基因系统发育树。

实验四　乳酸菌对海水中重金属铅离子的吸附研究

一、实验目的

(1)了解铅标准溶液的配制方法。

(2)掌握海水中不同因素对乳酸菌吸附重金属离子的影响。

(3)掌握使用火焰原子吸收光谱仪测定重金属离子浓度的方法。

二、实验材料

1.器材

气浴恒温振荡器、火焰原子吸收光谱仪、循环水真空泵装置、电子天平、台式恒温振荡培养箱、高压灭菌锅、冰箱、无菌操作台等。

2.试剂

$Pb(NO_3)_2$、醋酸铅、海盐等。

3.培养基

MRS 肉汤培养基。

4.乳酸菌

德式乳杆菌(*Lactobacillus delbrueckii*)、嗜热链球菌(*Streptococcus thermophilus*)、屎肠球菌(*Enterococcus faecium*)。

三、实验步骤

1.乳酸菌菌悬液的制备

将分离的斜面乳酸菌种制成菌悬液,移入 100 mL MRS 肉汤培养基,放置于摇床上,转速设为 150 r/min,37 ℃恒温培养,计数备用。将培养好的 3 种乳酸菌进行离心分离(4000 r/min,10 min),倒掉培养液后加入超纯水进行洗涤,再离心,经 3 次洗涤后,置于 50 ℃烘干至恒重。取出后加入超纯水,制备 3 种乳酸菌

100 g/L的菌悬液(15 mL)备用。

2.不同铅离子浓度的海水的配制

以海水中的平均盐度为标准,称量 35 g 海盐,加入 1 L 的超纯水溶解,于 1 L 的容量瓶中定容,均倒入试剂瓶中标记备用。准确称取 0.5 g 醋酸铅,加入 1 L 配制好的海水溶液,于 1 L 的容量瓶中定容,制得500 mg/L的醋酸铅溶液。醋酸铅遇海水后有白色沉淀生成。将制得的 500 mg/L 的醋酸铅溶液进行抽滤,上清液倒入试剂瓶,标记备用。按相同操作,加入制备好的海水溶液,对 500 mg/L的醋酸铅溶液进行稀释,配制成 300 mg/L、150 mg/L、100 mg/L、75 mg/L、50 mg/L 的不同铅离子浓度的海水,配制过程产生的白色沉淀均抽滤弃置。

3.铅标准溶液的配制

(1)配制1 000.00 mg/L 铅标准储备液:准确称取 1.598 5 g $Pb(NO_3)_2$,用少量浓硝酸溶液溶解,移入1 L容量瓶,加水至刻度,混匀。

(2)配制 1.00 mg/L 铅标准中间液:准确吸取 1 000.00 mg/L 铅标准储备液 1.00 mL 于 1 L 容量瓶中,加5%硝酸溶液至刻度,混匀。

(3)配制铅标准工作溶液:分别吸取 1.00 mg/L 铅标准中间液 0 mL、0.100 mL、0.500 mL、1.00 mL、1.50 mL于 100 mL 容量瓶中,加5%硝酸溶液至刻度,混匀。此铅标准系列溶液的质量浓度分别为 0 μg/L、1.00 μg/L、5.00 μg/L、10.0 μg/L、15.0 μg/L、20.0 μg/L。使用火焰原子吸收光谱仪测定铅标准工作液的吸光度,以铅标准工作液浓度 C 为横坐标,以铅离子对应的吸光度 A 为纵坐标,建立标准曲线。

4.乳酸菌对重金属铅离子的吸附实验

(1)不同浓度的铅离子对乳酸菌吸附重金属的影响:取铅离子浓度分别为 500 mg/L、300 mg/L、150 mg/L、100 mg/L、75 mg/L、50 mg/L 的海水各 5 mL 加入试管,再分别加入 3 种乳酸菌的 100 g/L 的菌悬液,用棉花塞口,此时菌体浓度为 5 g/L。将投放菌种后的试管置于台式恒温振荡培养箱中,设置转速为 150 r/min,37 ℃培养 1 d。吸附完成后,进行离心(4500 r/min,10 min),取上清液进行检测。进行 3 组平行实验。

(2)不同浓度的乳酸菌对重金属铅离子的吸附作用:取 5 mL 铅离子浓度为 150 mg/L 的海水加入试管,投入 3 种乳酸菌的 100 g/L 的菌悬液,用棉花塞口,使投放后的菌体浓度分别为 5 g/L、10 g/L、20 g/L、30 g/L、40 g/L,每种菌各做一组梯度。将投放菌种后的试管置于台式恒温振荡培养箱中,设置转速为 150 r/min,37 ℃培养 1 d。吸附完成后,进行离心(4 500 r/min,10 min),取上

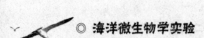

清液进行检测。进行 3 组平行实验。

(3)吸附时间对乳酸菌吸附重金属铅离子的影响:取 5 mL 铅离子浓度为 150 mg/L 的海水加入试管,投入 3 种乳酸菌的 100 g/L 的菌悬液,用棉花塞口,使投放后的菌体浓度为 5 g/L。设置 3 种菌为一组,将投放菌种后的试管置于台式全温振荡培养箱中,设置转速为 150 r/min,37 ℃进行吸附,吸附时间分别为 6 h、12 h、24 h、36 h、48 h。吸附完成后,进行离心(4500 r/min,10 min),取上清液进行检测。进行 3 组平行实验。

(4)分析乳酸菌对铅的吸附作用:使用火焰原子吸收光谱仪测定溶液中铅离子的吸光度值,根据建立的铅离子标准曲线计算溶液中的铅离子浓度。采用乳酸菌对铅离子的吸附率与单位菌体吸附量的结果计算乳酸菌对铅离子的吸附效果。

计算公式如下:

$$R = (C_0 - C_1)/C_0 \times 100\% \qquad (2\text{-}2)$$

$$Q_e = (C_0 - C_1) \times V/m \qquad (2\text{-}3)$$

其中,R 表示乳酸菌对铅离子的吸附率;C_0 表示初始的铅离子浓度(mg/L);C_1 表示吸附后溶液中的铅离子浓度(mg/L);Q_e 表示单位菌体吸附量(mg/g);V 表示铅离子溶液的体积(L);m 表示投放菌体的质量(g)。

具有抑菌作用的海洋放线菌的筛选及抗性测定

从自然资源中筛选新型抗菌物质依然是寻找广谱高效、安全无毒、将来能替代现在使用的化学防腐剂和饲料添加剂的抗菌物质以及解决目前严重的菌株耐药性问题的有效途径之一。许多菌种均能产生抗菌物质。其中,放线菌是最主要的抗生素生产菌种,目前发现的抗生素中绝大多数是由放线菌中产生的。

经过多年的大规模筛选后,从陆地土壤中分离获得新的放线菌菌种变得日益困难,从土壤中所分离的放线菌获得新的抗生素种类呈现逐年下降的趋势,因此微生物研究人员的研究方向开始从普通生态环境转向特殊生态环境。

海洋放线菌广泛分布于海洋各种环境当中,如浅滩、近岸、海洋动植物体内,深海沉积物,海水,海雪,海底冷泉区等。海洋环境的特殊性决定了海洋放线菌独特的代谢方式和代谢产物。近年来,研究人员不断从各种海洋环境中发掘能够产生具有新型作用机制的抗生素和抑制剂的放线菌。目前,大部分用于分离陆地放线菌的方法基本上都适用于海洋放线菌的分离。但是海洋放线菌的分离还需要一些特殊条件,如海洋放线菌需使用海水作为培养基,将深海放线菌从深海中分离出来则需在高的静水压下才能完成。

海洋微生物的多样性及独特性决定了其次级代谢产物的多样性和独特性,因此海洋微生物是发掘新型生物活性物质的源泉。近年来,研究人员通过对海洋微生物的研究,发现了许多新的并且具有某种特殊生物活性的次级代谢产物,同时这些物质具备陆地发现的微生物所没有的独特结构,在抑制细菌、抗病菌等方面具有良好的表现。

本组实验包括:

——实验一　海洋放线菌的分离;

——实验二　抑菌海洋放线菌初筛;

——实验三　海洋放线菌的形态观察与鉴定;

——实验四　海洋放线菌的生理生化特征;

——实验五　抗生素生物效价的测定。

实验一　海洋放线菌的分离

一、实验目的

(1)了解海洋放线菌分离培养基的种类。

(2)掌握海洋放线菌分离的方法。

(3)掌握海洋放线菌的菌落特征。

二、实验材料

1. 器材

高温灭菌锅、电热鼓风干燥箱、智能生化培养箱、冰箱、超净工作台、电子天平、恒温振荡器、电子调温万用电炉、光学显微镜。

2. 染色液和试剂

结晶紫溶液、95%乙醇、鲁氏碘液、沙黄复染液、10%石炭酸、50 $\mu g/mL$ $K_2Cr_2O_7$ 溶液等。

3. 培养基

高氏1号培养基。

三、实验步骤

1. 样品的采集

从三亚近海采集海泥、海水样品。海泥样本选择质地细腻、无沙粒的黑色淤泥,海水样本选择沿海排污处的水样。采集瓶事先经过灭菌,采集后迅速带回实验室置于4℃冰箱中保存备用。海鱼以非人工养殖的鱼种为主(从三亚渔港码头购买的冰鲜海鱼)。

2. 样品的稀释

用无菌水冲洗海鱼体表,用消毒酒精对鱼体表面进行消毒。用灭过菌的剪刀及解剖刀将鱼解剖,取出肠道。用无菌水清洗肠道外表面,将肠道内容物挤出,称取 1 g,加入陈海水 9 mL,依次制成 10^{-1}、10^{-2}、10^{-3}、10^{-4} 稀释液。称取海泥 1 g,加入陈海水 9 mL,剧烈振荡形成均匀悬浊液。海水直接稀释。

3.放线菌的分离与培养

用移液器取合适稀释倍数的样液 0.1 mL 于高氏 1 号平板(添加几滴 $K_2Cr_2O_7$ 溶液)上,用涂布器涂均匀后,置于 30 ℃的恒温培养箱中倒置培养 3～7 d,根据长出的菌落形态进行判断是否为目的菌并在高氏 1 号培养基(不添加抑制剂)上进行纯化,直至出现单一稳定的放线菌落。分别将菌株进行编号,记录菌落特征。

4.放线菌的保存

将编号的放线菌从平板上转接于高氏 1 号斜面培养基上,于 30 ℃培养长满斜面后保存于 4 ℃冰箱中,每 3 个月转接一次。

实验二　抑菌海洋放线菌初筛

一、实验目的

(1)从已分离的放线菌中筛选出能产生抑菌作用的菌株。

(2)掌握拮抗放线菌的筛选方法。

二、实验材料

1.培养基

(1)高氏 1 号培养基。

(2)种子液培养基:葡萄糖 10 g、蛋白胨 1.2 g、酵母提取物 2 g,用陈海水定容至 1 L,pH 7.2,121 ℃灭菌20 min。

(3)LB 固体培养基:胰化蛋白胨 10.0 g、酵母浸粉 5.0 g、NaCl 10.0 g、琼脂 15.0~20.0 g、陈海水1 000 mL,调整 pH 至 7.0 左右。在 121 ℃高温灭菌锅中灭菌 20 min。

(4)营养琼脂培养基:蛋白胨 10.0 g、牛肉膏 3.0 g、NaCl 5.0 g、琼脂 15.0~20.0 g、蒸馏水1 000 mL,在121 ℃高温灭菌锅中灭菌 20 min。或者直接使用营养琼脂培养基按 33.0 g 加入1 000 mL 蒸馏水的比例配制,灭菌、降温后制成固体培养基。

2.指示菌

金黄色葡萄球菌（*Staphylococcus aureus*）、大肠杆菌、枯草芽孢杆菌、腐败希瓦氏菌(*Shewanella putrefaciens*)、荧光假单胞菌(*Pseudomonas fluorescens*)。

三、实验步骤

1.放线菌发酵液的制备

将菌种接种至高氏 1 号固体斜面培养基,培养 5~6 d,待形成均匀的孢子后作为种子斜面放置于−4 ℃保存备用。从种子斜面上挑取 2 环孢子到装有 5 mL高氏 1 号液体培养基的试管中,30 ℃条件下在240 r/min的摇床中培养 2 d。

扩大培养:吸取 200 μL 种子液于装有 200 mL 种子液体培养基的锥形瓶中,30 ℃条件下在 240 r/min 的摇床中培养 3~5 d。

制备发酵液上清液:吸取 1 mL 发酵液置于离心管中,在 4 ℃条件下 10 000 r/min离心 10 min,取上清液经 0.22 μm 滤膜过滤除菌,得到无细胞发酵液备用。

2.指示菌平板的制备

将金黄色葡萄球菌、枯草芽孢杆菌等指示菌于营养琼脂试管斜面上活化后,取几环置于 LB 液体培养基中,分离培养后,刮取菌落混悬于生理盐水中,使其浓度为 10^7 CFU/mL,保存在 4 ℃冰箱中备用。

指示菌平板的制备:取 40 μL 配好的指示菌菌液于 LB 固体培养基上,用涂布器均匀涂布,待菌液渗透后,分别采用琼脂块法和滤纸片法进行抑菌实验。

3.抑菌实验

(1)琼脂块法:将分离所得的放线菌菌株在高氏 1 号固体培养基上进行涂布,待平板长满菌后,用 5 mm 的无菌打孔器垂直在平板上打孔。注意打到平板底部,以便于取菌块。再用无菌镊子取放线菌菌块倒置于涂菌的 LB 固体指示菌培养基表面,有菌的一面朝指示菌。37 ℃培养 12~24 h,十字交叉法测定抑菌圈大小,对具有透明圈的菌进行下一步复筛。

(2)滤纸片法:用无菌镊子取直径为 5 mm 的无菌圆纸片置于涂布好的 LB 指示菌培养基表面,每个培养皿放 5 个滤纸片,滴加 10 μL 的发酵液上清液于滤纸片上,待干后,置于 37 ℃培养箱中培养 12~24 h,观察并测量抑菌圈的直径。

实验三　海洋放线菌的形态观察与鉴定

一、实验目的

(1)观察自行分离的放线菌菌体的形态特征。
(2)了解菌体形态特征在放线菌分类鉴定中的重要性。

二、实验材料

1.菌种
上一个实验中分离的具有抑菌作用的放线菌菌株。
2.试剂
0.1%亚甲蓝染色液、香柏油、二甲苯等。
3.器材
培养皿、载玻片、盖玻片、小镊子、接种环、酒精灯、显微镜等。
4.培养基
高氏1号琼脂、葡萄糖天门冬素琼脂、察氏琼脂合成培养基等。

三、实验步骤

1.菌种的常规培养
(1)插片法:将高氏1号琼脂或葡萄糖天门冬素琼脂熔化后,以每皿15～18 mL的量倾倒平板,凝固后,将放线菌划线接种在皿中。然后取无菌的盖玻片以45°角插入培养基,盖玻片插入深约1/3(玻片必须与接种线垂直,每皿可插3～4片),盖上皿盖,置于28 ℃培养,菌丝将沿着玻片向上伸展。根据不同菌种的生长速度及观察的要求,培养5 d、7 d、10 d、15 d。定期将盖玻片取出,放置于干净载玻片上,在显微镜下观察基质菌丝、气生菌丝及孢子丝的形态。凡具有发达的气生菌丝体的类群,适合用插片法培养。

(2)埋片法:按以上方法制备琼脂平板,待凝固后在琼脂平板上开槽接种。可用小刀在琼脂中间切开 2 条小槽(每条 1 cm×5 cm 左右),将槽中的琼脂条挑出,把放线菌孢子或菌丝接种在槽的两边,在槽上盖上无菌盖玻片 1~2 片,盖上培养皿盖,置于 28 ℃培养。该方法适用于不形成气生菌丝的放线菌类群。培养的时间视菌种而定。例如,诺卡氏菌需要观察 18 h、24 h 或 2~3 d(视基质菌丝断裂的情况而定),而小单孢菌则培养 7~10 d 方能见到成熟的孢子。

2.菌体形态的观察

将菌种接种在高氏 1 号琼脂、葡萄糖天门冬素琼脂、无机盐淀粉琼脂等斜面及马铃薯块上(其他类群的鉴定可增加苹果酸钙琼脂、燕麦粉琼脂、葡萄糖酵母膏琼脂和酪氨酸琼脂),于 28 ℃培养,分别于 7 d、15 d 和 30 d 观察培养特征及颜色变化,取成熟期的颜色作为定种的依据,将如下项目记入菌种鉴定记录表(表2-4):气生菌丝体颜色,即孢子丝未形成前的颜色;孢子丝和孢子的颜色,即成熟孢子堆的颜色;基质菌丝体的颜色,即菌落背面的颜色;可溶性色素的颜色,即指渗透到培养基内色素的颜色。另外,还要观察记录菌株在以上各种培养基上生长的情况(生长良好、生长差、不生长)。以菌落的外观形态如粉状、绒状或棉絮状等作为参考特征。

3.染色观察孢子的形态特征

在干净的载玻片上滴一滴 0.1% 的亚甲蓝染色液,将插片培养物覆盖在染色液上染色 2~3 min,用滤纸吸去多余的亚甲蓝染色液,将载玻片置于油镜下,观察孢子的形态。

4.记录结果

用文字描述分离的菌株的菌丝体形态,并绘图表示,同时根据观察的结果,初步鉴定到科或属。

表 2-4 放线菌菌体培养特征记录表

菌株编号: 　　菌株来源: 　　　　分离日期:

培养基	培养特征			
	生长情况	气生菌丝体	基质菌丝体	可溶性色素
高氏 1 号琼脂				
察氏琼脂				
葡萄糖天门冬素琼脂				
无机盐淀粉琼脂				

续表

培养基	培养特征			
	生长情况	气生菌丝体	基质菌丝体	可溶性色素
苹果酸钙琼脂				
燕麦粉琼脂				
葡萄糖酵母糖膏琼脂				
酪氨酸琼脂				
马铃薯块				

附　放线菌分离鉴定用培养基

一、分离培养基

1.高氏1号琼脂

可溶性淀粉	20 g	NaCl	0.5 g
KNO_3	1 g	$FeSO_4$	0.01 g
K_2HPO_4	0.5 g	琼脂	20 g
$MgSO_4 \cdot 7H_2O$	0.5 g	陈海水	1 000 mL

pH 7.2~7.4,121 ℃灭菌 20 min。

2.高氏1号改良琼脂

可溶性淀粉	20 g	KNO_3	1 g
NaCl	0.5 g	$K_2HPO_4 \cdot 3H_2O$	0.5 g
$MgSO_4 \cdot 7H_2O$	0.5 g	$FeSO_4 \cdot 7H_2O$	0.01 g
琼脂	20 g	陈海水	1 000 mL
$K_2Cr_2O_7$	250 mg/L		

pH 7.2~7.4,121 ℃灭菌 20 min。

3.葡萄糖天门冬素琼脂

葡萄糖	10 g	琼脂	20 g
天门冬素	0.5 g	牛肉膏	2 g
K_2HPO_4	0.5 g	陈海水	1 000 mL

pH 7.2,115 ℃灭菌 20 min。

4.精氨酸甘油琼脂

精氨酸	1 g	NaCl	1 g
甘油	12.5 g	$Fe_2(SO_4)_3 \cdot 6H_2O$	0.01 g

MgSO₄·7H₂O	0.5 g	K₂HPO₄	1 g
CuSO₄·5H₂O	0.001 g	琼脂	20 g
ZnSO₄·7H₂O	0.001 g	陈海水	1 000 mL
MnSO₄·H₂O	0.001 g		

$MgSO_4·7H_2O$ 0.5 g K_2HPO_4 1 g
$CuSO_4·5H_2O$ 0.001 g 琼脂 20 g
$ZnSO_4·7H_2O$ 0.001 g 陈海水 1 000 mL
$MnSO_4·H_2O$ 0.001 g

pH 7.2,115 ℃灭菌 20 min。

5.蔗糖察氏琼脂

蔗糖 30 g $FeSO_4$ 0.01 g
$NaNO_3$ 2 g 琼脂 20 g
K_2HPO_4 1 g 陈海水 1 000 mL
$MgSO_4·7H_2O$ 0.5 g KCl 0.5 g

pH 7.2,115 ℃灭菌 20 min。

二、观察培养特征和形态特征的培养基

1.高氏 1 号琼脂(同上)

2.蔗糖察氏琼脂(同上)

3.葡萄糖天门冬素琼脂(同上)

4.无机盐淀粉琼脂

可溶性淀粉 10 g $NaNO_3$ 1 g
$MgCO_3$ 1 g 琼脂 18 g
K_2HPO_4 0.3 g NaCl 0.5 g
陈海水 1 000 mL

pH 7.2,121 ℃灭菌 20 min。

5.苹果酸钙琼脂

苹果酸钙 10 g K_2HPO_4 0.5 g
NH_4Cl 0.5 g 甘油 10 g
琼脂 15 g 陈海水 1 000 mL

pH 7.2~7.4,115 ℃灭菌 20 min。

6.燕麦粉琼脂

燕麦粉 20 g(浸汁) 微量盐溶液* 1 mL
陈海水 至1 000毫升 琼脂 18 g

pH 7.2,121 ℃灭菌 20 min。

*微量盐溶液:

$FeSO_4·7H_2O$ 0.1 g $MnCl_2·4H_2O$ 0.1 g
$ZnSO_4·7H_2O$ 0.1 g 蒸馏水 100 mL

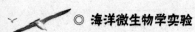

7.马铃薯块

马铃薯去皮、去芽眼,切成斜面状长方块,用水洗净,装入无菌试管(试管内应先放入湿棉花球,使马铃薯块保持湿润),121℃灭菌 20 min。

8.葡萄糖酵母膏琼脂

葡萄糖	10 g	陈海水	1 000 mL
酵母膏	10 g	琼脂	15 g

pH 7.2,115 ℃灭菌 20 min。

9.酪氨酸琼脂(产色素用)

L-酪氨酸	1 g	酵母浸汁	1 g
NaCl	8.5 g	琼脂	16 g
陈海水	1 000 mL		

pH 7.2,115 ℃灭菌 30 min。

10.伊莫松培养基

葡萄糖	10 g	蛋白胨	4 g
酵母膏	10 g	琼脂	20 g
牛肉膏	4 g	陈海水	1 000 mL
NaCl	2.5 g		

pH 7.2,115 ℃灭菌 20 min。

实验四　海洋放线菌的生理生化特征

一、实验目的

(1)了解放线菌常用的生化鉴定实验的原理与方法。

(2)能结合放线菌形态特征和生理生化实验结果将菌株鉴定到属。

二、实验材料

1.器材

三角瓶、培养皿、精密 pH 试纸、试管、电子天平、恒温培养箱、冰箱、无菌操作台等。

2.试剂

甲液(对氨基苯磺酸 0.8 g、5 mol/L 醋酸 100 mL);乙液(α-萘胺 0.5 g、5 mol/L醋酸 100 mL)。

3.培养基

(1)明胶液化培养基:牛肉膏粉 3 g、蛋白胨 5 g、明胶 120 g、陈海水 1 000 mL, pH 7.4±0.2,121 ℃灭菌20 min。

(2)淀粉水解测试培养基:可溶性淀粉 10.0 g、$MgCO_3$ 0.3 g、NaCl 0.5 g、KNO_3 1.0 g、K_2HPO_4 0.3 g、陈海水 1 000 mL、琼脂 15 g。pH 7.2~7.4, 121 ℃ 灭菌 20 min。

(3)脱脂奶粉培养基:100 g 脱脂奶粉溶于 1 000 mL 去离子水中,高温消毒。

(4)纤维素分解培养基:NH_4NO_3 1.0 g、$CaCl_2$ 0.1 g、K_2HPO_4 0.5 g、KH_2PO_4 0.5 g、NaCl 1.0 g、$Mg_2SO_4 \cdot 7H_2O$ 0.5 g、$FeCl_3$ 0.02 g、酵母膏 0.05 g、琼脂 15 g、陈海水 1 000 mL,pH 7.0~7.2,121 ℃灭菌 20 min。

(5)硝酸盐培养基:蛋白胨 5.0 g、KNO_3 1.0 g、陈海水 1 000 mL,pH 7.0± 0.1,121 ℃灭菌 20 min。

(6)Gibbons 基础培养基:酪蛋白胨 7.5 g、KCl 2 g、酵母膏 10 g、$MgSO_4 \cdot 7H_2O$ 20 g、柠檬酸钠 3 g、琼脂 10～15 g、陈海水 1 000 mL,pH 7.2～7.4,121 ℃灭菌 20 min。

(7)普戈二氏培养基:K_2HPO_4 5.65 g、$(NH_4)_2SO_4$ 2.64 g、KH_2PO_4 2.38 g、$MgSO_4 \cdot 7H_2O$ 1.00 g、$MnCl_2 \cdot 4H_2O$ 0.007 9 g、$CuSO_4 \cdot 5H_2O$ 0.006 4 g、$ZnSO_4 \cdot 7H_2O$ 0.001 5 g、$FeSO_4 \cdot 7H_2O$ 0.001 1 g、琼脂 15 g、蒸馏水 1 L,pH 7.2,121 ℃灭菌 20 min。

三、实验步骤

1.明胶液化实验

将菌种接种于明胶培养基中,于 28 ℃恒温箱中培养,分别在第 5 d、7 d、9 d 观察液化程度。明胶在低于 20 ℃时凝固,高于 25 ℃时自行液化,若是在高于 20 ℃下培养的菌株,观察时应放在冰浴中观察,若明胶被细菌液化,即使在低温下明胶也不会再凝固。

2.淀粉水解实验

在淀粉水解测试培养基上划线接种菌株,30 ℃恒温条件下培养 4～10 d,在培养基上滴加鲁氏碘液,平板呈蓝黑色。如果接种菌落周围有无色的透明圆圈,则表示该菌株能够水解淀粉;若菌落周围仍显蓝黑色,则说明该菌株不能水解淀粉,没有淀粉水解活性。

3.牛奶胨化实验

取被检菌株接种于脱脂牛奶中,30 ℃恒温条件下培养,分别于第 5 d、8 d、11 d 各观察一次。如果牛奶形成胨块,说明菌株有凝固牛奶活性,放线菌产生凝乳酶引起蛋白质凝固;再继续培养,则凝块被分解,是因为菌种产生蛋白酶,使蛋白质水解成可溶性状态,称胨化现象。若牛奶一开始就无凝块形成,牛奶仍呈透明或半透明,则说明菌株无凝固牛奶活性。

4.纤维素分解实验

将菌株接种至纤维素分解培养液中,30 ℃恒温条件下培养 4～8 d,以扩大培养菌株。取灭菌滤纸条浸入培养液,一段时间后观察。若滤纸条溶解或折断,则说明菌株能够分解纤维素;若无明显变化,则说明菌株无分解纤维素活性。

5.硝酸盐还原实验

被检菌接种于硝酸盐培养基中,于 28 ℃培养 7 d 和 14 d,将甲、乙液等量

(约 0.1 mL)混合后加入培养基,立即观察结果:出现红色为阳性。若加入试剂后无颜色反应,可能是因为:①硝酸盐没有被还原,实验阴性。②硝酸盐被还原为氨和氮等其他产物而导致假阴性结果,这时应在试管内加入少许锌粉。如出现红色则表明实验确实为阴性;若仍不产生红色,表示实验为假阴性。

若要检查是否有氮气产生,可在培养基管内加一小导管,如有气泡产生,表示有氮气生成。

6.淀粉水解实验

在淀粉水解测试培养基上划线接种菌株,30 ℃恒温条件下培养 4~8 d,在培养基上滴加鲁氏碘液,平板呈蓝黑色。如果接种菌落周围有无色的透明圆圈,则表示该菌株能够水解淀粉,菌落周围平板不显蓝黑色;若菌落周围仍显蓝黑色,则说明该菌株不能水解淀粉,没有淀粉水解活性。

7.碳源利用实验

将放线菌制成孢子悬液均匀涂布于无碳源的普戈二氏培养基上,分别点入葡萄糖、柠檬酸三钠、蔗糖、D-木糖、酒石酸钠、乳糖、麦芽糖、半乳糖、甘油、三梨醇、甘露醇、阿拉伯糖。如菌种在加碳源的地方生长,则表明放线菌利用这种碳源,菌种生长的强弱程度可用不同的级别表示;如菌种在加碳源的地方不生长,则表明不能利用这种碳源。

8.实验结果记录

将实验结果记录在表 2-5、表 2-6 中,阳性用“＋”,阴性用“－”。

表 2-5 放线菌生化实验结果

菌株	明胶液化实验	淀粉水解实验	牛奶胨化实验	纤维素分解实验	硝酸盐还原实验	淀粉水解实验
菌株 1						
菌株 2						
菌株 3						

表 2-6 放线菌生理实验结果

菌株	葡萄糖	柠檬酸三钠	蔗糖	酒石酸钠	乳糖	麦芽糖	半乳糖
菌株 1							
菌株 2							
菌株 3							

实验五　抗生素生物效价的测定

　　衡量抗生素发酵液中抗菌物质的含量称效价。抗生素效价测定可采用化学法或生物效价测定法。抗生素生物检定法是以抗生素对细菌或真菌的杀死或抑制的程度作为客观指标来衡量维生素中有效成分的效力的一种方法。此法检测灵敏性高,有微量$(0.5\ \mu g/mL)$抗生素即可检出。因此,微生物检定法是测定抗生素效价的一种经典方法。生物效价测定有稀释法、比浊法、扩散法三大类。管碟法是扩散法的一种。本实验采用管碟法测定抗生素的效价。

　　管碟法是利用有一定体积的不锈钢制的小管(牛津杯),将抗生素溶液装满牛津杯,在含有敏感实验菌的琼脂培养基上进行扩散渗透,经过一定时间后,抗生素扩散到适当的范围,产生透明的抑菌圈。抑菌圈的半径与抗生素在牛津杯中的总量(U)、抗生素的扩散系数(cm^2/h)、扩散时间(即抗生素溶液注入牛津杯至出现抑菌圈所需的时间)、培养基的厚度(mm)和最低抑菌浓度$(\mu g/mL)$等因素有关。抗生素总量的对数与抑菌圈直径的平方呈直线关系,因此抗生素效价可以由抑菌圈的大小来衡量。将已知效价的土霉素标准液先制成标准曲线,比较已知效价标准液与未知效价的被检溶液的抑菌圈的大小,就可算出样品中抗生素的效价。但此法也有缺点,即操作步骤多、手续繁杂、培养时间长、得出结果慢。尽管如此,由于它有上述独特优点而被世界各国所公认,成为国际通用的方法,被列入各国药典法规。

一、实验目的

　　了解管碟法测定抗生素生物效价的基本原理和方法。

二、实验材料

1. 菌种

黄色八叠球菌($Sarcina\ flava$)、海泥中筛选的海洋放线菌斜面菌株。

2. 试剂

土霉素标准品等。

3. 仪器

玻璃试管、试管架、吸管(1 mL、2 mL、10 mL)、吸耳球、离心管、容量瓶、烧杯、三角瓶(500 mL)、量筒(250 mL、500 mL、1 000 mL)、玻璃棒、温度计、培养皿、牛津杯(或不锈小钢管)、陶瓦圆盖、镊子、恒温箱、台秤等。

4. 培养基

蛋白胨 6 g、酵母膏 6 g、牛肉膏 1.5 g、葡萄糖 1 g、琼脂 15~18 g、蒸馏水 1 000 mL,pH 6.8,1.05 kg/cm^2,121 ℃灭菌 20 min。

三、实验步骤

1. 标准曲线的制作

(1)标准土霉素溶液的配制:准确称取 20 mg 土霉素标准品,每毫克含 880 U(880 μg/mg),先用 0.1 mol/L HCl 溶解(每称量 10 mg 加酸 1 mL),然后加入无菌蒸馏水稀释成每毫克含 1 000 U(1 000 μg/mL)的溶液,此溶液在 5 ℃以下保存。

(2)黄色八叠球菌菌液的配制:取用普通琼脂斜面保存一周之内的黄色八叠球菌菌种,在实验前 1 d,将细菌接种于含有培养基的试管斜面上,于 30 ℃培养 24 h 后,用无菌水约 10 mL 将菌种洗下即可。

(3)大平板的制备:按照配方配制培养基 250 mL 于三角瓶中,灭菌待用。取大平板两个,放入无菌室内紫外线灭菌 0.5 h 以上。取上述培养基熔化,待培养基冷却至 45~50 ℃时,按 0.5%的接种量接入上述黄色八叠球菌菌液,迅速摇匀,立即倒至大平板中,推拉一下使培养基均匀摊布,置于水平桌面。待凝固后,在大平板上以等距离放置小钢管 64 个,用玻璃盖覆盖备用。

(4)标准曲线的绘制:取 50 mL 容量瓶(9 个编号),并向各瓶中加入不同量的每毫克含 1 000 U 的标准品溶液。用磷酸缓冲液稀释至刻度,得到每毫克含土霉素 8 U、10 U、12 U、16 U、20 U、24 U、28 U、32 U、36 U 的 9 种浓度的标准品稀释液(表 2-7)。

取上述制备的大平板,每个大平板中的 6 个牛津杯间隔的 3 杯中各装入每毫升含 20 U 的标准品稀释液,将每 3 个小钢管组成一组,共分 8 组。在第一组的 3 个小钢管的空杯中各装入每毫升含 8 U 的标准品稀释液,第二组的空杯中各装入每毫升含 10 U 的标准品稀释液,依次类推,将 8 种浓度的标准品稀释液

装毕,如图 2-1 所示,共得每毫升含 20 U 的标准品稀释液 72 杯,其他各种稀释度的标准品各得 9 杯。全部小钢管盖上陶瓦圆盖后置于 37 ℃培养 16～18 h。测量各抑菌圈的直径,分别求得每组 3 个小钢管中的每毫升中含 20 U 标准品抑菌圈直径与其他各种浓度标准品抑菌圈直径的平均值,再求出 8 组中每毫升含 20 U 标准品的抑菌圈直径总平均值。总平均值与各组中每毫升含 20 U 的抑菌圈直径平均值的差数,即为各组的校正数。根据各组校正数将 8 种浓度的抑菌圈平均值校正。以校正后的抑菌圈直径为横坐标,浓度为纵坐标,在双周半对数图纸上绘制标准曲线,计算相关系数。

表 2-7　标准溶液的配制

编号	标准品(1 000 μg/mL)体积/mL	磷酸缓冲液体积/mL	最终土霉素含量/(μg/mL)
1	0.5	49.5	10
2	0.6	49.4	12
3	0.8	49.2	16
4	1.0	49.0	20
5	1.2	48.8	24
6	1.4	48.6	28
7	1.6	48.4	32
8	1.8	48.2	36

1	2	3	4	5	6	7	8
2	3	4	5	6	7	8	1
3	4	5	6	7	8	1	2
4	5	6	7	8	1	2	3
5	6	7	8	1	2	3	4
6	7	8	1	2	3	4	5
7	8	1	2	3	4	5	6
8	1	2	3	4	5	6	7

图 2-1　样品的拉丁方排列示意图

2.样品抗生素生物效价的测定

(1)待测发酵液的制备:取 3 杯斜面上的放线菌孢子,置于高氏 1 号液体培养基中,于 28 ℃培养 5～7 d,过滤,收集滤液备用。

(2)样品溶液抑菌圈直径的测定:取上述已制备好的小钢管 3 个,在每个小钢管 6 个牛津杯间隔的 3 杯中各装入每毫升含 20 U 的标准品稀释液,其他 3 杯中各装入估计每毫升含 20 U 的样品溶液,盖上陶瓦圆盖,置于 37 ℃培养 16～18 h。测量各抑菌圈的直径,分别求得标准品稀释液和发酵液所致的 9 个抑菌圈直径的平均值,照上述标准曲线的制备方法求得校正数后,将发酵液所致的抑菌圈直径的平均值校正,再从标准曲线中查得发酵溶液的效价,并换算成被测样品的效价。

产淀粉酶的海洋霉菌筛选

　　淀粉酶是能催化淀粉水解转化成葡萄糖、麦芽糖及其他低聚糖的一类酶的总称,广泛存在于动植物和微生物中,其中产淀粉酶的微生物以细菌和霉菌为主。目前生产的淀粉酶商品大多为中高温淀粉酶,其生产所需的菌株为陆生菌选育而成。由海洋微生物所产的淀粉酶,尤其是在常年温度不超过 5 ℃的高纬度深海海底生活的微生物所产的淀粉酶具有低温下保持高活力的特性,在纺织、食品、洗涤剂、饲料工业中均有广泛的用途。目前对一些产低温淀粉酶的海洋微生物的筛选和研究已有报道。从自然界分离的菌种产淀粉酶的活力一般相对较低,通过人工选育的方法则更能满足工业化生产的需要。要获得所需的高产突变菌株,诱变育种是常用的一种菌种选育方法。

　　诱变育种一般利用物理或化学的因素,促使菌体内担负遗传作用的脱氧核糖核酸的碱基分子排列改变而发生变异,然后再从大量变异的菌株中挑选出符合生产需要的优良菌株。诱变育种与其他育种方式相比较,具有速度快、收效大、方法简单的优点,是当前菌种选育的一种主要方法。但是诱发突变缺乏定向性,因此诱发突变必须与有效的筛选工作相配合才能收到良好的效果。

　　目前微生物界主要采用的仍然是常规的理化因子等诱变方法。这些理化因子包括一些物理因子和一些化学因子以及这些因子的复合使用。物理因子主要包括紫外线、γ 射线、激光、低能离子等。随着空间技术的发展,利用微重力和宇宙射线的生物学作用对微生物进行育种的工作也在开展当中。化学因子诱变剂是一类能与 DNA 起作用而引起 DNA 变异的物质。这些化学诱变剂包括烷化剂,如甲基磺酸乙酯(EMS)。为了改善诱变育种的效果,本部分实验将采用不同的物理因子和化学因子以及这些因子的复合使用对海洋霉菌进行诱变并对这些因子的作用效果进行研究。

　　本组实验包括:

　　——实验一　海洋霉菌的分离与形态观察;

　　——实验二　海洋霉菌固态培养条件的优化;

　　——实验三　海洋霉菌的诱变育种。

实验一 海洋霉菌的分离与形态观察

一、实验目的

(1)掌握海洋霉菌的分离方法。

(2)了解海洋霉菌菌丝及菌落的特征,学习并掌握霉菌的制片方法。

二、实验材料

1.器材

高压锅、恒温箱、冰箱、试管、三角瓶、移液管、培养皿、电子天平、剪刀、镊子、载玻片、盖玻片、解剖针、显微镜等。

2.试剂

青霉素、链霉素、0.05% SDS、乳酸石炭酸棉蓝染色液、75%的酒精溶液等。

3.培养基

海洋霉菌分离培养基:葡萄糖10 g、蛋白胨2 g、酵母膏1 g、人工海水1 000 mL、琼脂20 g、氯霉素200 mg,pH 3.5～5.5,121 ℃灭菌20 min。

PDA培养基(供分离、保藏菌种):马铃薯200 g、葡萄糖20 g,琼脂20 g、海水1 000 mL,自然pH,121 ℃灭菌20 min。

筛选培养基:可溶性淀粉20 g、KCl 0.5 g、NaNO$_3$ 2 g、K$_3$PO$_4$ 1 g、MgSO$_4$·7H$_2$O 0.5 g、琼脂18 g、陈海水1 000 mL,121 ℃灭菌20 min。

三、实验步骤

1.采样

用无菌容器采集近海岸或红树林中的土壤,采样之后若不能立即分离,则置于4 ℃冰箱,尽快分离。

2. 预处理

海泥样品先经过 6％蛋白胨和 0.05％ SDS 预处理,再以 10 倍稀释法连续稀释此悬液。

3. 分离

将灭菌的 PDA 培养基冷却至 60 ℃左右,加入 50 mg/L 青霉素和 50 mg/L 链霉素,振荡摇匀后倒平板,将样液按 10 倍梯度稀释,接入 0.1 mL 样液,置于 30 ℃培养 5～7 d,观察菌落特征。

4. 初筛

将分离到的霉菌制成孢子悬液接种于筛选培养基上,在 25 ℃下培养,待菌落长成后在平板上加碘液,筛选出现透明圈的菌株并进行酶活力测定,对产酶能力较大的菌株进行初步鉴定。

5. 载玻片培养

用 75％的酒精溶液消毒中间凹陷的载玻片,在载玻片上加上培养基,并接种样品稀释液,盖上盖玻片,用石蜡封闭四周,30 ℃培养,每隔 24 h 观察一次,记录海洋霉菌的生长情况。

6. 海洋霉菌的纯化

从平板培养长出的单个菌落边缘挑取少许孢子接种到斜面上,放置在 25 ℃的恒温培养箱中培养。待菌苔长出后,检查其特征是否一致,同时挑取少量菌丝进行简单染色,用显微镜检查其是否为单一的微生物。若不纯,则重复分离和纯化全过程,直至获得纯培养的丝状真菌菌株。

7. 染色初步鉴定

于洁净载玻片上滴 1～2 滴乳酸石炭酸棉蓝染色液,用解剖针从霉菌菌落的边缘外取少量带有孢子的菌丝置于染色液中,再小心地将菌丝挑散开,然后盖上盖玻片(加热或不加热),注意不要产生气泡。置于显微镜下,先用低倍镜观察,必要时再换高倍镜。

8. 实验记录

根据菌落形态、生长情况、染色特征描述霉菌的特性,进行初步归属。

实验二 海洋霉菌固态培养条件的优化

一、实验目的

(1)学习海洋霉菌固态制曲的方法。

(2)了解不同条件对海洋霉菌产孢子数和淀粉酶活力的影响。

(3)掌握孢子测定的方法。

(4)掌握淀粉酶测定的方法。

二、实验材料

1.器材

恒温培养箱、超净工作台、数显酸度计、显微镜、水浴锅、分光光度计、试管、茄子瓶、三角瓶、血细胞计数板。

2.试剂

柠檬酸缓冲液、NaOH 溶液、3,5-二硝基水杨酸、麦芽糖等。

3.培养基(三角瓶基础培养基的制备)

在 250 mL 的锥形瓶中加麸皮 10 g、陈海水 15 mL(含质量分数为 1%的尿素)、可溶性淀粉 0.5 g，121 ℃灭菌 30 min。

三、实验步骤

1.固态培养实验设计

将菌株接种于 PDA 试管斜面上，于 30 ℃下培养，待菌苔长成后加入 5 mL 无菌海水振荡，然后倒入 50 mL 无菌海水中摇匀，制成孢子悬液。取 2 mL 孢子悬液接入相应的固体培养基，于设定的恒温箱中培养，每天对固体培养基翻动两次。培养结束后加入 100 mL 蒸馏水，并将固体培养基捣碎，在 40 ℃水浴中振荡 2 h，再于 4 ℃冰箱中浸泡过夜，然后于 8 000 r/min 下离心，弃沉淀即得粗

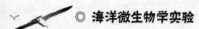

酶液。

2.固态培养条件的优化

根据前面的实验设计,按表2-8～表2-12记录实验结果,分析影响海洋霉菌制曲条件的因素。

(1)不同培养基配比对制曲的影响:

表 2-8　培养基的配比对制曲的影响

培养基配比	孢子数/(个/克)	淀粉酶活力/(U/g)
麸皮 10 g＋可溶性淀粉 0.8 g		
麸皮 10 g＋可溶性淀粉 0.5 g		

续表

培养基配比	孢子数(个/克)	淀粉酶活力(U/g)
麸皮 10 g＋可溶性淀粉 0.3 g		
麸皮 8 g＋可溶性淀粉 0.8 g		
麸皮 8 g＋可溶性淀粉 0.5 g		
麸皮 8 g＋可溶性淀粉 0.3 g		

(2)不同陈海水量对制曲的影响:根据优化的培养基配比,考察不同水分对制曲的影响。

表 2-9　陈海水对制曲的影响

初始海水量/mL	孢子数/(个/克)	淀粉酶活力/(U/g)
5		
10		
15		
20		
25		

(3)不同 pH 对制曲的影响:根据优化的水分含量、培养基配比和接种量参数,考察不同起始 pH 对制曲的影响。

表 2-10 pH 对制曲的影响

培养基原始 pH	孢子数/(个/克)	淀粉酶活力/(U/g)
5.0		
5.5		
6.0		
6.5		
7.0		
7.5		

(4)不同培养温度对制曲的影响:根据优化的水分含量、培养基配比、接种量和 pH 大小,考察不同温度对制曲的影响。

表 2-11 温度对制曲的影响

不同培养温度/℃	孢子数/(个/克)	淀粉酶活力/(U/g)
15		
20		
25		
30		
35		

(5)不同培养时间对制曲的影响:根据优化的水分含量、培养基配比、接种量、pH 大小和温度参数,考察不同培养时间对制曲的影响。

表 2-12 培养时间对制曲的影响

制曲时间/h	孢子数/(个/克)	淀粉酶活力/(U/g)
48		
56		
60		
64		
68		
72		
76		
80		

附1 孢子数的测定

一、样品稀释

精确称取样曲 1 g，倒入盛有玻璃珠的 250 mL 三角瓶内，加入 95% 乙醇 5 mL、无菌水 20 mL、稀硫酸(1∶10)10 mL，在涡旋均匀器上充分振摇，使种曲孢子分散，然后用 3 层纱布过滤，用无菌水反复冲洗，务使滤渣不含孢子，最后稀释至 500 mL。

二、制计数板

取洁净干燥的血细胞计数板，盖上盖玻片，用无菌滴管取孢子稀释液 1 小滴，滴于盖玻片的边缘处(不宜过多)，让滴液自行渗入计数室，注意不可有气泡产生。若有多余液滴，可用吸水纸吸干，静置 5 min，待孢子沉降。

三、观察计数

1.观察

用低倍镜和高倍镜观察。由于稀释液中的孢子在血细胞计数板上处于不同的空间位置，要在不同的焦距下才能看到，因而计数时必须逐格调动细调焦旋钮，才能不使之遗漏。如孢子位于格的线上，数上线不数下线，数左线不数右线。

2.计数

使用 16×25 规格的计数板时，只计板上 4 个角上的 4 个中格(即 100 个小格)；使用 25×16 规格的计数板时，除计 4 个角上的 4 个中格外，还需要计中央一个中格的数目(即 80 个小格)。每个样品重复观察计数不少于 2 次，然后取其平均值。

3.计算

16×25 的计数板：孢子数(个/克)＝(N/100)×400×10 000×(V/G)＝4×10^4×(NV/G)。式中，N 表示 100 小格内孢子总数(个)，V 表示孢子稀释液体积(mL)，G 表示样品质量(g)。

25×16 的计数板：孢子数(个/克)＝(N/80)×400×10 000×(V/G)＝5×10^4×(NV/G)。式中，N 表示 80 小格内孢子总数(个)，V 表示孢子稀释液体积(mL)，G 表示样品质量(g)。

附2 淀粉酶活力的测定

一、试剂配制

1.1% 淀粉溶液

称取 1 g 可溶性淀粉，加入 80 mL 左右蒸馏水，在电炉上加热溶解，等冷却后，定容到 100 mL(临用前配制)。

2.pH 5.6 的柠檬酸缓冲液

A 液:称取柠檬酸 20.01 g,溶解后定容到 1 L。

B 液:称取柠檬酸钠 29.41 g,溶解后定容到 1 L。

取 A 液 5.5 mL、B 液 14.5 mL 混匀,即为 pH 5.5 的柠檬酸缓冲液。

3.3,5-二硝基水杨酸溶液

称取 3,5-二硝基水杨酸 1.00 g,溶于 20 mL 1 mol/L NaOH 中,加入 50 mL 蒸馏水,再加入 30 g 酒石酸钾钠,待溶解后,用蒸馏水稀释至 100 mL,盖紧瓶塞,勿使 CO_2 进入,暗处保存备用。

4.麦芽糖标准液

称取麦芽糖 0.100 g,溶于少量蒸馏水中,仔细移入 100 mL 容量瓶,用蒸馏水定容到 100 mL。

5.0.4 mol/L NaOH

略。

二、淀粉酶活力的测定方法

1.标准曲线的制作

取 15 mL 具塞刻度试管(7 个编号),分别加入麦芽糖标准液(1 mg/mL)0 mL、0.1 mL、0.3 mL、0.5 mL、0.7 mL、0.9 mL、1.0 mL,然后将各管用蒸馏水准确补充到 1.0 mL,摇匀后再加入 3,5-二硝基水杨酸 1 mL,摇匀,在沸水浴中准确保温 5 min,取出冷却,用蒸馏水稀释到 15 mL,混匀,用分光光度计在 520 nm 波长下进行比色,记录消光值,以消光值为纵坐标,以麦芽糖含量为横坐标,绘制标准曲线。

2.α-淀粉酶活性的测定

(1)取试管 4 支,注明两支为对照管,两支为测定管。

(2)于每管中各加粗酶提取液 1 mL,在 70 ℃恒温水浴(水浴温度的变化不应超过±0.5 ℃)中准确加热 15 min,在此期间 β-淀粉酶钝化。取出后迅速在自来水中冷却。

(3)在试管中各加入 1 mL pH 5.6 的柠檬酸缓冲液。

(4)向两支对照管中各加入 4 mL 0.4 mol/L NaOH,以钝化酶的活性。

(5)将测定管和对照管置于 40 ℃(±0.5 ℃)恒温水浴中准确保温 15 min,再向各管分别加入 40 ℃预热的淀粉溶液 2 mL,摇匀,立即放入 40 ℃水浴准确保温 5 min 后取出,向两支测定管分别迅速加入 4 mL 0.4 mol/L NaOH,以终止酶的活性。

3. α-及 β-淀粉酶总活性的测定

取上述粗酶液 5 mL,放入 100 mL 容量瓶,用蒸馏水稀释至刻度(稀释倍数视样品酶活性大小而定)。混合均匀后,取 4 支试管,2 支为对照管,2 支为测定管,各加入稀释后的酶液 1 mL 及 pH 5.6 的柠檬酸缓冲液 1 mL,以下步骤重复 α-淀粉酶测定的第(4)及第(5)步的操作。

4. 样品的测定

取以上各管中酶作用后的溶液及对照管中的溶液各 1 mL,分别放入15 mL具塞刻度试管,再加入 1 mL 3,5-二硝基水杨酸试剂混匀,置于沸水浴中准确煮沸 5 min,取出冷却,用蒸馏水稀释至 15 mL,混匀,用分光光度计在 520 nm 波长下进行比色,记录吸光值,根据标准曲线计算结果。

三、结果计算

α-淀粉酶活性$[\mathrm{mg}/(\mathrm{g} \cdot \mathrm{min})] = (A - A') \times V/(W \times T)$。式中,A 表示 α-淀粉酶活性测定管中的麦芽糖浓度(mg/mL);A′ 表示 α-淀粉酶活性对照管中的麦芽糖浓度(mg/mL);V 表示样品稀释总体积(mL);W 表示样品质量(g);T 表示反应时间(min),本实验为 5 min。

α-及 β-淀粉酶总活性$[\mathrm{mg}/(\mathrm{g} \cdot \mathrm{min})] = (B - B') \times V/(W \times T)$。式中,B 表示 α-及 β-淀粉酶总活性测定管中的麦芽糖浓度(mg/mL);B′ 表示 α-及 β-淀粉酶活性对照管中的麦芽糖浓度(mg/mL);V 表示样品稀释总体积(mL);W 表示样品质量(g);T 表示反应时间(min),本实验为 5 min。

实验三　海洋霉菌的诱变育种

一、实验目的

以紫外线诱变获得高产淀粉酶菌株为例,学习微生物诱变育种的基本操作方法。

二、实验材料

1.菌种

分离的海洋霉菌。

2.试剂

EMS(化学纯)、鲁氏碘液、0.1 mol/L pH 7.0 的磷酸缓冲液、0.01%的吐温 80、0.5% NaS$_2$O$_3$ 等。

3.器材

三角瓶(300 mL、500 mL)、试管、培养皿(9 cm)、恒温摇床、恒温培养箱、紫外照射箱、磁力搅拌器、脱脂棉、无菌漏斗、玻璃珠、移液管、涂布器、酒精灯、显微镜、血细胞计数板、751 分光光度计等。

4.培养基

PDA 培养基、上一实验所筛选的固态优化培养基、筛选培养基(可溶性淀粉 20 g、KCl 0.5 g、NaNO$_3$ 2 g、K$_3$PO$_4$ 1 g、MgSO$_4$ · 7H$_2$O 0.5 g、琼脂 18 g、陈海水 1 000 mL,121 ℃灭菌 20 min)。

三、实验步骤

诱变育种程序:出发菌种—孢子悬液—紫外诱变—EMS 诱变—涂布酪蛋白合成培养基平板—选取 K 值较大的单菌株接种斜面(每株接 3 支试管)—接种至三角瓶种曲发酵培养基(每株接 3 支试管)—测定酶活—选择产淀粉酶高

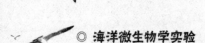

的菌株—保藏菌种。

1. 出发菌株的选择及菌悬液的制备

菌悬液制备：取出发菌株转接至 PDA 斜面培养基中，30 ℃培养 3～5 d 活化。然后把孢子洗至装有 1 mL 0.1 mol/L pH 6.0 的无菌磷酸缓冲液的三角瓶中（内装玻璃珠，装量以大致铺满瓶底为宜），30 ℃振荡 30 min，用垫有脱脂棉的灭菌漏斗过滤，制成孢子悬液，调其浓度为 10^6～10^8 个/毫升，冷冻保藏备用。

2. 诱变处理

（1）紫外诱变：

①紫外线处理：打开紫外灯（30 W）预热 20 min。取 5 mL 菌悬液放在无菌的培养皿（9 cm）中，同时制作 5 份。逐一操作，将培养皿平放在离紫外灯 30 cm（垂直距离）处的磁力搅拌器上，照射 1 min 后打开培养皿盖，开始照射。照射处理开始的同时，打开磁力搅拌器进行搅拌，即时计算时间，照射时间分别为 15 s、30 s、1 min、2 min、5 min。照射后，诱变菌液在黑暗中冷冻保存 1～2 h，然后在红灯下稀释涂菌，进行初筛。

②稀释菌悬液：按 10 倍稀释至 10^{-6}，从 10^{-5} 和 10^{-6} 中各取出 0.1 mL 加入筛选培养基平板（每个稀释度均做 3 个重复），然后涂菌并静置，待菌液渗入培养基后倒置于 30 ℃恒温培养 2～3 d。72 h 后观察透明圈和菌落直径大小。菌株大都是负突变。选菌落直径和透明圈直径都比原菌落大的菌株作为正突变的初筛菌株，供化学诱变使用。

（2）EMS 诱变：取经上述紫外诱变后正突变菌株制得的悬浮液（0.1 mol/L pH 7.0 的磷酸缓冲液＋0.01％的吐温 80 制成的孢子悬浮液）10 mL 置于 250 mL 的三角瓶中，加入不同剂量（如 0.3 mL 为 0.3 mol/L 浓度）的 EMS（原液相对密度 1.21，约 10 mol/L），30 ℃振摇 30 min，用 0.5％的 $Na_2S_2O_3$ 解毒。处理液进行梯度稀释并涂布筛选培养基平板，30 ℃培养 72 h。并取原菌株孢子悬浮液和紫外诱变后孢子悬浮液涂布筛选培养基平板作为对照，30 ℃培养 72 h。选取酪素培养基上透明圈直径（R）和菌落直径（r）较大的菌株，并且 R/r 较大者作为初筛菌株，接种斜面培养基，30 ℃培养 72 h。

3. 优良菌株的筛选

（1）菌株的初筛：将配制好的淀粉酶筛选培养基和 1.5％的琼脂定量倒双层平板（底层 6 mL，上层 7 mL），吸取 10^{-6}～10^{-3} 孢子悬液 0.1 mL 滴入平板，涂布后放在温度为 25 ℃的恒温培养箱中培养。待菌落长成后在平板上加碘液，筛选出现透明圈的菌株并进行酶活力测定，培养至 60 h 左右，观察透明圈的直径(D)和菌落直径(d),并分别记录下 D、d 和 K 值($K=D/d$)。在菌落直径相差不大的时候,K 值越大,淀粉酶活力越高。在 K 值相同的情况下,则菌落直径较大的菌株,其淀粉酶活力较高。因此选择 K 值较大者作为初筛菌株,接种至斜面,30 ℃培养72 h,为下一步复筛做准备。

(2)摇瓶复筛:将初筛出的菌株接入海洋霉菌。将复筛培养基装入 500 mL三角瓶,装量为15~20 g(料厚为1~1.5 cm),121 ℃湿热灭菌30 min,然后分别接入以上初筛获得的优良菌株,30 ℃培养24 h后摇瓶一次并均匀铺开,再培养24~48 h,共培养3~5 d后检测淀粉酶活性。

4.菌种保藏

将复筛效果好的菌株接入 PDA 斜面固体培养基,于25 ℃培养长满斜面后放入冰箱。

附　筛选菌株数的计算

若按突变率为0.01计算,则一次筛选可取250~300个菌落,第一次筛选后可多选几株高产菌,而二级筛选为重点阶段,其最适量可参考以下计算方法:如初筛菌株数为200株,二次筛选欲选株数为2株,则二级应选$(200\times2)^{1/2}$,为20株。这样的数量选择,有可能从较少的数量中获得相对较多的优良菌株。

海洋酵母的分离鉴定及其在海水养殖中的应用

　　海洋酵母是生活在海水中的酵母的通称，是酵母家族的一个生态类群，广泛分布于各种自然海域中。在海洋环境发现的主要酵母菌属包括短梗霉属（*Aureobasidium*）、假丝酵母属（*Candida*）、隐球酵母属（*Cryptococcus*）、德巴利酵母属（*Debaryomyces*）、黑粉菌属（*Filobasidium*）、半乳糖霉菌属（*Galactomyces*）、地霉属（*Geotric hum*）、有孢汉逊酵母属（*Hanseniaspora*）、伊萨酵母属（*Issatchenkia*）、克鲁维酵母属（*Kluyveromyces*）、柯达酵母属（*Kodamaea*）、路德酵母属（*Lodderomyces*）、梅奇酵母属（*Metschnikowia*）、毕赤酵母属（*Pichia*）、红冬孢酵母属（*Rhodosporidium*）、红酵母属（*Rhodotorula*）、酿酒酵母属（*Saccharomyces*）、丝孢酵母属（*Trichosporon*）、拟威尔酵母属（*Williopsis*）、耶罗维亚酵母属（*Yarrowia*）、接合拟威尔酵母属（*Zygowilliopsis*）等和一些未确定属的酵母（见网站 http：// mccc. org. cn）。从中可以看出，海洋酵母中有一些如假丝酵母、隐球酵母、酿酒酵母也是陆源酵母常见的种类。多数海洋酵母除耐盐性较陆源酵母高外，其生物学性质和细胞的组成成分与陆源酵母有很多相似之处，但有些产物的活性具有独特的物理化学性质，具有潜在的实际应用。已知的海洋酵母功能主要包括获取活性产物、酶和基因资源。

　　本组实验包括：

　　——实验一　海洋酵母的分离；

　　——实验二　酵母菌的分属鉴定；

　　——实验三　酵母菌的生理生化实验；

　　——实验四　酵母菌耐受能力的测定；

　　——实验五　酵母菌的分子生物学鉴定；

　　——实验六　海洋酵母在水产养殖中的应用。

实验一　海洋酵母的分离

酵母菌是子囊菌、担子菌等几科单细胞真菌的通称。形态有球形、卵球形、腊肠形、椭球形、柠檬形或藕节形等，无鞭毛，好氧或兼性厌氧，生殖方式分为无性繁殖和有性繁殖。酵母菌常生长在偏酸性的水体环境中，并且在厌氧环境中仍能保持细胞的代谢活性。在液体培养基中，酵母菌比霉菌生长得快。利用酵母菌喜欢酸性环境的特点，常用酸性液体培养基获得酵母菌的培养液（这样做的好处是在酸性培养条件下可抑制细菌的生长），然后在固体培养基上用划线法分离酵母菌。

一、实验目的

学习从海洋样品中分离酵母菌的方法与技术。

二、实验材料

1. 器材

试管、小刀、培养皿、竹签、接种环、显微镜、果皮等。

2. 培养基

富集培养基：氯霉素 0.5 g、葡萄糖 20.0 g、蛋白陈 20.0 g、酵母粉 10.0 g、陈海水 1 000 mL，自然 pH，115 ℃灭菌 30 min。

YPD 培养基：葡萄糖 20.0 g、蛋白胨 20.0 g、酵母粉 10.0 g、琼脂 20.0 g(固体培养基添加)、陈海水 1 000 mL，自然 pH，115 ℃灭菌 30 min。

PDA 固体培养基。

三、实验步骤

1. 酵母的分离和纯化

分别取海南海域的海滩、红树林、渔港码头、产盐滩涂、入海河沟等近表层

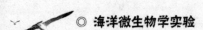

(510 cm)海泥装入灭菌的纸袋,用消毒的海水淘洗过滤 1 次,将样品分别接种至 50 mL 的富集培养基中,置于摇床上,设置转速 170 r/min,28 ℃培养 2～3 d。用无菌生理盐水对富集产物进行 10 倍梯度稀释,涂布在含氯霉素的 YPD 平板上,于28 ℃培养至有菌落出现,并通过平板划线的方法进一步获得高纯度的单菌落。

2.形态观察

取新培养的酵母,分别移接种于 YPD 液体培养基和固体平板上,28 ℃培养 3 d。观察液体培养基状况,以及固体培养基上长出的菌落色泽、质地、表面有无皱褶和边缘形状等。取少量经分离后的菌体细胞在 1 000 倍显微镜下和电镜下观察细胞形状、大小和繁殖方式。

3.菌种保藏

将疑是酵母属的菌落重新接种到麦芽汁(或 PDA 培养基)试管斜面上,28 ℃培养 12 h,4 ℃冰箱中保藏,备用。

实验二 酵母菌的分属鉴定

酵母菌的分类依据是形态特征和生理生化反应特征。在分类前将菌体细胞进行分离纯化,得到由单细胞长成的菌落,然后再进行形态特征和生理生化鉴定。把酵母菌接种到麦芽汁固体培养基上,让它长成菌落,观察其菌落的形态、颜色、质地、边缘、表面等特征。把酵母菌再接种到液体麦芽汁培养基中,观察是否能产生醭、试管等培养器壁上能否形成菌环,培养液中是否产生沉淀、混浊程度,等等。另外,还要取样在显微镜下观察其单细胞的形态、大小、能否形成孢子、孢子的大小以及繁殖方式等。

一、实验目的

通过对酵母常见代表属的识别,掌握酵母属的基本特征和鉴定方法。

二、实验材料

1.器材

培养皿、试管、三角瓶、恒温培养箱、接种环、显微镜、盖玻片、载玻片、血细胞计数板等。

2.试剂

5%孔雀绿染液、95%乙醇、0.5%沙黄染液。

3.培养基

麦芽汁琼脂培养基、YPD培养基、PDA培养基、醋酸钠生孢培养基、WL培养基。

4.菌种

上一实验从海洋中分离的酵母菌。

三、实验步骤

1.培养特征的鉴定

(1)固体培养特征:将分离所得菌种接种到麦芽汁或 WL 固体平板培养基

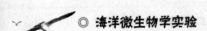

上,置于 28 ℃恒温箱中培养 3~5 d,待其长成菌落后,观察菌落的形态、颜色、质地、边缘、表面等特征。

(2)液体培养特征:将分离菌种接种于 YPD 或麦芽汁液体培养基中,放入恒温培养箱以 28~30 ℃保温培养 18~24 h、24~48 h、48~72 h,取出观察各个时期液体培养基表面有无白色醭的存在、培养基中有无沉淀或沉淀的多少、有无混浊和混浊程度、试管或其他培养器壁上有无菌环形成。

取出各个不同时期的样液,注入酵母细胞计数器——血细胞计数板,放置在显微镜下观察单个细胞的大小、能否形成孢子、孢子的大小、繁殖方式、形态变化、液泡的大小、细胞数增加的多少,做好详细的原始记录,便于以后培养菌种时比较和参考。

2.酵母假菌丝的观察

取一块无菌载玻片浸于熔化的 PDA 培养基中,取出放在湿室培养的支架上,待培养基凝固后,进行酵母菌划线接种,然后将无菌盖玻片盖在接菌线上,在 28 ℃ 下培养 5~10 d。取出载玻片,擦去载玻片下面的培养基,在光学显微镜的高倍镜下直接观察,镜检是否有假菌丝及芽殖细胞的形态、排列法,并测其大小。

真菌丝与假菌丝的区别:一般来说,假菌丝呈香肠状,细胞连接处缢缩,菌丝易断裂。真菌丝呈竹节状,菌丝顶端连续生长产生隔膜形成的菌丝,隔膜处不缢缩,即相连细胞间的横隔面积与细胞横截面面积一致。

3.酵母菌子囊孢子的观察

(1)菌种活化:将菌株在 25 ℃的 YPD 琼脂培养基活化 2~3 代。

(2)产孢培养:将经活化的菌种转接到醋酸钠生孢培养基斜面上划线,25~28 ℃培养约 2 周。

(3)制片:取产孢培养的酵母斜面培养物,在洁净的载玻片上按常规方法涂片、干燥、固定。

(4)染色:滴加孔雀绿染液数滴,染色 1 min 后水洗。

(5)脱色:用 95%乙醇脱色 30 s,水洗。

(6)复染:用 0.5%沙黄染液复染 30 s,水洗,用吸水纸吸干。

(7)镜检:干后于显微镜下观察子囊孢子的数目、形状和子囊的形成率。

(8)计算生孢率:计数时随机取 3 个视野,分别计数产子囊孢子的子囊数和不产子囊孢子的细胞数。子囊形成率(%)=3 个视野中形成子囊的总数/3 个视野中(活营养体细胞+形成子囊的总数)×100%。

实验三 酵母菌的生理生化实验

酵母菌的生理生化特征主要表现为发酵葡萄糖、果糖、蔗糖、麦芽糖等糖类的能力。同时,还需测定利用其他碳水化合物、同化酒精、耐酒精、利用硝酸盐还是硫酸盐、发酵产酸/产醋、耐温、耐酸、抗重金属离子、抗杂菌性等的能力。最后,根据以上得出的形态特征和生理生化特征,查阅有关资料,把具有相同特征的酵母菌归类于某一属。

一、实验目的

(1)了解酵母菌对糖的利用能力。
(2)了解酵母菌对各种碳源、氮源的利用情况。
(3)了解酵母菌对各种维生素的利用情况。

二、实验材料

1.菌种
从海洋中分离的酵母菌。
2.试剂
1.6%溴甲酚紫或 0.2%溴百里酚蓝溶液。
3.培养基
(1)糖发酵基础液(糖 0.2%、酵母粉 0.6%,121℃高压灭菌 15 min,自然pH)+糖类物质(葡萄糖、乳糖、半乳糖、麦芽糖等)。
(2)无碳基础培养基+待测碳源(蔗糖、乳糖、半乳糖、麦芽糖等)。
(3)无氮基础培养基+待测氮源[蛋白胨、$(NH_4)_2SO_4$、NH_4NO_3、尿素等]。
(4)无维生素基础培养基[KH_2PO_4 0.1%、$(NH_4)_2SO_4$ 0.5%、$MgSO_4 \cdot 7H_2O$ 0.05%、$CaCl_2 \cdot 2H_2O$ 0.01%、葡萄糖 2%、蒸馏水 100 mL,分装于试管,每管 5 mL,121 ℃高压灭菌 15 min]+待测维生素(对氨基苯甲酸、生物素、叶酸、烟酸、核黄素、盐酸硫胺素等)。

三、实验步骤

1.酵母菌糖发酵实验

(1)糖发酵基础液配制好后,按培养液容量的1%加入糖,分装于杜氏发酵管中(培养液的高度为4~5 cm),再在试管内加入倒置的小玻璃管[0.4 cm×(2.0~2.5 cm)]1支。每种糖设3个重复管,121 ℃高压灭菌15 min。

(2)将待测酵母分别接入上述各发酵管,置于30 ℃下培养48~72 h,另以不接种者作为对照。如产酸,则培养液 pH 值下降而变黄色;如产气,则必先产酸,并在杜氏发酵管顶端出现气泡。

(3)将结果记录在表 2-13 中,以"＋"或"－"表示。

2.酵母菌碳源、氮源同化实验

(1)液体试管法:

①每管加无碳基础培养基5 mL 或无氮培养基5 mL,加被测试的某种碳源或氮源,并以葡萄糖(碳源同化实验)或氮源(氮源同化实验)作为对照。

②接入酵母后置于28 ℃培养1~2周。

③结果观察:观察液体试管中是否形成醭、环岛等。

(2)生长图谱法:

①配制碳源、氮源同化基础培养基。

②将待测菌株接到3 mL 无菌生理盐水中制成菌悬液。

③取 0.1~0.5 mL 菌液放入无菌平皿,再向平皿内倒入已熔化并冷却至45~50 ℃的碳源或氮源基础培养基,摇匀。

④待平板冷凝后,取出带菌平板,在皿底上用记号笔划分成6个小区,其中一个小区作为对照,其余5个小区标上实验用的碳源物或氮源物。

⑤用接种环蘸取少量碳源或氮源加到带菌平板上,先正放2~4 h,然后置于28 ℃倒置培养1~2 d,观察结果。

注:若作为对照的那个小区没有长出菌落,而在放碳源或氮源的区域内长出菌落,则表示该株菌种能同化这种碳源或氮源,即能利用这种碳源或氮源进行生长;反之,该菌株则不能同化这种碳源或氮源。并可根据生长图谱测量菌落大小,说明对碳源或氮源的利用情况。

3.无维生素生长实验

(1)培养基经过滤(0.20 μm)除菌,无菌操作接种已活化好的待测菌,25 ℃培养7 d 后观察。

(2)将已培养 8 d 的初始培养液作为酵母的活化液,取少量接种到另一含无维生素培养基的试管中,经 25 ℃培养 7 d 后观察结果。

(3)结果观察:如果试管中溶液明显混浊,则说明该酵母具有合成生长所需的维生素的能力;若溶液混浊不明显或不混浊,则说明无此能力。

注:对于在无维生素培养基上不生长的酵母菌,还需要做维生素的测定,一般采用生长图谱法。取无维生素基础培养基,制成需要测定酵母菌的带菌平板。而后将无菌的圆滤纸片(直径 5 mm)分别于各种维生素液中蘸湿,用小镊子夹取滤纸片,贴于带菌平板上(详细操作同"酵母菌碳源、氮源同化实验"),25~28 ℃下培养 1 d 后观察结果。

表 2-13　　酵母菌的生理生化特征鉴定结果记录表

实验项目	糖发酵							糖同化					
培养条件	葡萄糖	乳糖	半乳糖	麦芽糖	蜜二糖	蔗糖	棉籽糖	可溶性淀粉	葡萄糖	乳糖	半乳糖	蔗糖	纤维二糖	蜜二糖
实验结果													

实验项目	糖同化	氮源同化		醇同化								维生素需要	
培养条件	海藻糖	L - 阿拉伯糖	KNO$_3$	(NH$_4$)$_2$SO$_4$	乙醇	甘油	山梨醇	卫矛醇	赤藓醇	阿东醇	肌醇	甘露醇	生物素	维生素B$_1$
实验结果													

实验项目	维生素需要						其他						
培养条件	维生素B$_2$	维生素B$_6$	维生素B$_{12}$	叶酸	烟酸	泛酸钙	对氨基苯甲酸	在无维生素培养基上生长	牛奶反应	油脂分解	抗放线菌酮	于37℃生长	耐高渗透压	产生类淀粉
实验结果													

附 酵母菌培养鉴定常用培养基

一、麦芽汁培养基的制备

麦芽汁制备俗称糖化。所谓糖化是指将麦芽和辅料中的高分子贮藏物质(如蛋白质、淀粉、半纤维素等机器分解中间产物)通过麦芽中各种水解酶类(或外加酶制剂)作用降解为低分子物质并溶于水的过程。溶解于水的各种干物质称为浸出物,糖化后未经过滤的料液称为糖化醪,过滤后的清液称为麦芽汁。麦芽汁中浸出物与原料干物质质量之比(质量分数)称为无水浸出率。

方法一:

(1)取 50 g 麦芽,在 EBC 标准粉碎机上粉碎。

(2)将已经粉碎好的麦芽粉放入已称重的糖化杯,加 200 mL 46 ℃的水,不断搅拌并在 46 ℃水浴中保温 30 min。

(3)使醪液以 1 ℃/min 的速率升温到 70 ℃。此时杯内加入 100 mL 70 ℃的水,保持恒温。

(4)5 min 后,用玻璃棒取麦芽汁 1 滴,置于白色滴板上,再加碘液 1 滴,混合后观察碘液颜色变化。直到碘液呈纯黄色不再变色,停止保温,糖化结束。

(5)在 10~15 min 内急剧冷却到室温。

(6)冲洗玻璃棒搅拌器,擦干糖化杯外壁,加水使其内容物准确称量为450 g;

(7)用玻璃棒搅拌糖化杯内容物,并注于漏斗中进行过滤,即获得麦芽汁。

方法二:

称取市售麦芽粉或大麦经浸泡、发芽、干燥、粉碎制成的麦芽粉,按每千克麦芽粉加入 3.5~4 kg 60~65 ℃的水,于 55~60 ℃保温糖化 3~4 h,用碘液检查。然后用 4 层纱布过滤,滤液中加鸡蛋白和水 20 mL,调匀至生出丰富的泡沫为止,倒在糖化液中搅拌煮沸后用 4 层纱布过滤,即得到澄清、透明的麦芽汁,灭菌后备用。

二、马铃薯葡萄糖琼脂培养基

将马铃薯洗净,去皮,切成小块,立即放入水中,以免被氧化。称取去皮马铃薯 200.0 g,煮沸 30 min,经纱布过滤,滤液加蒸馏水至 1.0 L,加入葡萄糖20.0 g 和琼脂 20.0 g,溶解后用三角瓶或试管分装,115 ℃灭菌 20 min。

三、酵母菌生孢培养基——麦氏琼脂培养基

葡萄糖 1 g、KCl 1.8 g、酵母浸膏 2.5 g、醋酸钠 8.2 g、琼脂 12 g、蒸馏水1 000 mL,115 ℃灭菌 20 min。

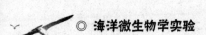

四、同化碳源培养基

同化碳源基础培养基：$(NH_4)_2SO_4$ 0.5%、KH_2PO_4 0.1%、$MgSO_4 \cdot 7H_2O$ 0.05%、酵母膏 0.02%、水洗琼脂 2%，115 ℃灭菌 15 min。

同化碳源液体培养基：$(NH_4)_2SO_4$ 0.5%、KH_2PO_4 0.1%、$MgSO_4 \cdot 7H_2O$ 0.05%、$CaCl_2 \cdot 2H_2O$ 0.01%、NaCl 0.01%、酵母膏 0.02%、糖或其他碳源 0.5%，用蒸馏水配制，过滤后分装于小试管，每管 3 mL，115 ℃灭菌 20 min。

五、同化氮源基础培养基

葡萄糖 2%、KH_2PO_4 0.1%、$MgSO_4 \cdot 7H_2O$ 0.05%、酵母膏 0.02%、水洗琼脂 2%，用蒸馏水配制，过滤后分装于大试管，每管 20 mL，115 ℃灭菌 15 min。

六、YPD 培养基

葡萄糖 20.0 g、蛋白胨 20.0 g、酵母粉 10.0 g、琼脂 20.0 g(固体培养基添加)、陈海水 1 000 mL，自然 pH，115 ℃灭菌 30 min。

七、WL 琼脂培养基

酵母浸粉 0.5%、胰蛋白胨 0.5%、葡萄糖 5%、琼脂 2%、KH_2PO_4 0.055%、KCl 0.042 5%、$CaCl_2$ 0.012 5%、$FeCl_3$ 0.000 25%、$MgSO_4$ 0.012 5%、$MnSO_4$ 0.000 25%、溴甲酚绿 0.002 2%，pH 6.5，121 ℃灭菌 20 min。

八、酵母富集培养基

葡萄糖 5%、KH_2PO_4 0.25%、尿素 0.1%、酵母膏 0.05%、$MgSO_4$ 0.1%、$Fe_2(SO_4)_3$ 0.01%、孟加拉红(1%的水溶液)0.023%，pH 4.5，121 ℃高压灭菌 15 min。

或：氯霉素 0.5 g、葡萄糖 20.0 g、蛋白胨 20.0 g、酵母粉 10.0 g、陈海水 1 000 mL，自然 pH，115 ℃灭菌 30 min。

实验四　酵母菌耐受能力的测定

一、实验目的

(1)掌握酵母菌耐盐实验的操作方法。

(2)掌握酵母菌耐高温实验的操作方法。

(3)掌握酵母菌耐酒精实验的操作方法。

(4)掌握酵母菌耐酸实验的操作方法。

一、实验材料

1.菌种

从海洋中分离的酵母菌。

2.试剂

95％乙醇、冰醋酸、75％乳酸、0.1 mol/L NaOH、酚酞等。

3.培养基

YPD 液体培养基、10 °Bx 麦芽汁或曲汁。

4.器材

发酵瓶、吸管、接种针、大试管、培养箱等。

三、实验内容

1.酵母菌耐盐能力的测定

(1)分别接一菌环新鲜菌种于含有 10 mL YPD 液体培养基的小锥形瓶中，30 ℃摇床培养 18 h，然后 4 000 r/min 离心 5 min，去上清液，加 5 mL 无菌水，摇匀，制得菌悬液。

(2)分别取 50 μL 各菌悬液，加入 NaCl 浓度分别为 0.0 mol/L、0.5 mol/L、1.5 mol/L、2.0 mol/L、2.5 mol/L、3.0 mol/L 的 5 mL YPD 试管中，各菌种的

对照管置于碎冰中,其他管皆置于 30 ℃摇床上,培养 18 h,用 600 nm 波长光测菌体的 OD 值。

2.酵母菌耐高温能力的测定

配制酵母培养液 15 瓶,按 10% 的接种量接入酵母菌,加栓,抹干,称量。按标签各置于 32 ℃、35 ℃、38 ℃、40 ℃、42 ℃保温箱中。每个处理组 3 瓶。每天称量一次,并观察发酵情况,5 d 为止。计算总减轻量,确定最高发酵温度。实验结果填入表 2-14。

表 2-14 酵母耐高温测定结果

温度	瓶初始质量	第 1 天	第 2 天	第 3 天	第 4 天	总减轻量
32 ℃						
35 ℃						
38 ℃						
40 ℃						
42 ℃						

3.酵母菌耐酒精能力的测定

分别将培养基中酒精浓度调至 9%、11%、13%、15%、17%(V/V),每个浓度做 3 个重复,共配 15 瓶。按 10% 的接种量接入酵母菌后,置于 28 ℃恒温箱中培养。每天称量一次,并观察发酵情况,5 d 为止。计算总减轻量,根据计算结果判断酵母的耐酒精能力,实验结果填入表 2-15。气泡产生时间越早,产气量越大,说明酵母的耐酒精能力越强。

表 2-15 酵母耐酒精测定结果

酒精浓度	瓶初始质量	第 1 天	第 2 天	第 3 天	第 4 天	总减轻量
9%						
11%						
13%						
15%						
17%						

4.酵母菌耐酸能力的测定

(1)在 6 个瓶上贴标签,分别为醋 0.2、醋 0.4、醋 0.6、乳 1、乳 2、乳 3。用 1 mL 无菌吸管移冰醋酸0.2 mL于醋 0.2 瓶、0.4 mL 于醋 0.4 瓶、0.6 mL 于醋 0.6 瓶,移 75%乳酸 1.25 mL 于乳 1 瓶、2.5 mL 于乳 2 瓶、3.75 mL 于乳 3 瓶

中,混匀。

(2)各瓶口杀菌,待冷。12支无菌大试管分为6组,各组标签记为醋0.2、醋0.4、醋0.6、乳1、乳2、乳3。将各瓶培养液倾注于同号的两管。

(3)接种,25 ℃保温箱中培养。

(4)用滴管吸0.1 mol/L NaOH溶液,分别滴定各瓶中所剩培养液的酸度,每次取10 mL滴定,反复2次或3次,求所用NaOH溶液的平均毫升数,以a代之。按下式求培养液中含酸量:$a/10 \times 0.1 \times 60.05 \times 100/1\,000$＝每毫升培养液含醋酸克数,$a/10 \times 0.1 \times 90.08 \times 100/1\,000$＝每毫升培养液含乳酸克数。

(5)3 d与7 d后观察各管,看酵母是否增殖(沉渣增多)及发酵(有气体产生),实验结果填入表2-16。

表 2-16 酵母耐醋酸、乳酸浓度表

培养液内装酸的种类	醋酸					乳酸					
试管分组	醋0.2		醋0.4		醋0.6		乳1		乳2		乳3	
培养液内酸量/(g/mL)												
两管重复	甲	乙	甲	乙	甲	乙	甲	乙	甲	乙	甲	乙
增殖与发酵时间 3 d												
增殖与发酵时间 7 d												

实验五 酵母菌的分子生物学鉴定

一、实验目的

掌握酵母菌总 DNA 的提取方法；掌握 PCR 扩增操作方法；能对测序结果进行分析。

二、实验材料

1. 器材

离心机、PCR 仪、电泳仪、移液器等。

2. 试剂

1 mol/L 山梨醇、0.1 mol/L EDTA-2Na (pH 7.5)、50 mmol/L Tris-HCl (pH 7.4)＋20 mmol/L EDTA-2Na、10% (W/V) SDS、5 mol/L 乙酸钾、异丙醇、3 mol/L 乙酸钠、TE 缓冲液(pH 7.4)、TAE、凝胶回收试剂盒等。

上游引物(5′-ATCTGGTTGATCCTGCCAGT 3′)、下游引物(5′-GATC-CTTCCGCAGGTTCACC-3′)均由生物公司合成。

三、实验内容

1. 酵母菌基因组 DNA 的小量制备

(1)酵母细胞在 50 mL YPD 液体培养基中 30 ℃条件下过夜培养,使细胞达到最大生长量。

(2)取 5 mL 培养物移入离心管,5 000 r/min 离心 5 min,收集细胞,弃去上清。

(3)用 0.5 mL 1 mol/L 山梨醇和 0.1 mol/L EDTA-2Na (pH 7.5)悬浮细胞,转移至 1.5 mL 离心管中,加 0.02 mL 10 mg/mL 裂解酶溶液,37 ℃水浴保温 60 min 后,5 000 r/min 离心 5 min,弃去上清。

(4)用 0.5 mL 50 mmol/L Tris-HCl（pH 7.4）+20 mmol/L EDTA-2Na 溶液再次悬浮细胞，加入 0.05 mL 10%（W/V）SDS，轻轻混匀。65 ℃保温 30 min 后加 0.2 mL 5 mol/L 乙酸钾，冰浴放置 60 min，后于 10 000 r/min 离心 5 min。

(5)将上清液转移至新的离心管中，在室温下加入等体积的异丙醇，轻轻混匀，于 10 000 r/min 离心 10 min，收集 DNA 沉淀，弃去上清，室温空气干燥。

(6)用 0.1~0.3 mL TE 缓冲液（pH 7.4）溶解 DNA 沉淀，保存于−20 ℃冰箱中。

2. PCR 扩增 18S rDNA 序列

采用酵母 18S rDNA 通用引物扩增目标片段。

PCR 反应体系见表 2-17。

表 2-17 PCR 体系

成分	体积/μL
10×缓冲液	5
25 mmol/L Mg^{2+}	3
10 mmol/L dNTP	1
25 μmol/L 上游引物	2
25 μmol/L 下游引物	2
25 ng/μL 模板 DNA	2
5 U/μL Taq DNA 聚合酶	0.5
ddH$_2$O	34.5

PCR 条件：94 ℃预变性 10 min；94 ℃变性 1 min，54 ℃退火 1 min，72 ℃延伸 2 min，30 个循环；最后 72 ℃延伸 10 min。

3. PCR 产物的检测和 18S rDNA 序列的测定分析

PCR 产物在 1×TAE（40 mmol/L Tris-乙酸，1 mmol/L EDTA）配制的 1.0%（W/V）琼脂糖凝胶进行电泳，用凝胶回收试剂盒按试剂盒说明回收纯化分离效果较好的目标带。将 PCR 扩增条带送样测序，根据测序结果，将所得序列分别与 GenBank 数据库中其他酵母菌的 18S rDNA 序列用 BLASTn 进行同源性比对，取相似性最高的序列，采用 ClustalX 1.83 和 PHYLIP 3.5 等软件进行进化树分析。

实验六　海洋酵母在水产养殖中的应用

海洋酵母因营养丰富、易于培养、不污染水质,在水产养殖业中的应用越来越频繁。在有氧和无氧的条件下,酵母都可以利用糖类进行发酵和繁殖,降低水中的生物需氧量。同时,酵母菌属于单细胞蛋白,酵母菌的细胞体中含有丰富的营养成分,含有多种必需氨基酸和必需脂肪酸,丰富的维生素、矿物质和多种酶。酵母作为一类益生菌,在优化群落结构、促进人类对营养物质的消化和吸收、强化人类免疫系统功能、调节水质、提供营养物质等方面均有良好效果。

一、实验目的

(1)了解海洋酵母对养殖水体的影响和对养殖对象的影响。
(2)了解海水室内养殖相应指标的测定。

二、实验材料

1. 器材

水族箱、高压灭菌锅、分析天平、恒温生化培养箱、移液器、超净工作台、光学显微镜、擦镜纸、胶头滴管、烧杯、灭菌培养皿、塑料铲、粗吸水管、刷子、充气管、气石、气泵、细长棒、胶带、贴纸等。

2. 培养基

TCBS 培养基。

3. 药品试剂

$KMnO_4$、强氯精、洗衣粉等。

4. 菌种

分离的海洋酵母。

三、实验步骤

1.实验前的准备

实验开始前两周清洗水族箱,清除泥污,用洗衣粉洗刷干净,再用自来水冲洗,之后用 KMnO₄ 水溶液完全浸泡 3 d,最后用自来水冲洗干净,待用。将水族箱分别编为 1、2、3、4、5、6、7、8、9 号,每 3 个水族箱为一组,实验当中所用到的水管、气管、气石等工具、器材也要用 KMnO₄ 水溶液浸泡。提前一周准备海水,新鲜海水在蓄水池内静置 3 d 后,投放 0.3 g/m³ 强氯精为海水消毒,2 d 后方可使用。

选取健康的 SPF 凡纳滨对虾苗,平均体长为(2.86±0.01) cm,平均体重为(0.163±0.0138) g。每大箱 50 尾,暂养 3 d,暂养期间每 2 h 观察虾苗活动情况,若有虾体死亡,捞起死亡虾体后,将数量补足。

2.酵母投喂实验

3 组所用海洋酵母菌剂分别按 $1×10^5$ CFU/g、$3×10^5$ CFU/g、$3×10^5$ CFU/g 剂量拌料投喂虾苗。实验期间,每天 24 h 连续充气。7:00、12:00、17:00、22:00 定时投喂饲料,日投饵率为虾苗总体重的 10%。早晚各进行一次吸污,日换水量为 5~10 cm。

3.实验指标测定

每日检测一次养殖水体中的亚硝酸盐、氨氮、溶解氧、盐度、温度、pH 等水质指标(其中溶解氧、盐度、温度、pH 等水质指标使用 HI 9828 便携多参数快速水质分析仪测定),每周检测养殖水体及虾体消化道中的酵母菌密度(采用血细胞计数板法)和弧菌密度,按公式(2-4)、公式(2-5)计算虾的日平均增重(DGR)及成活率。

$$DGR = (W_1 - W_2)/T \qquad (2\text{-}4)$$
$$成活率 = [1 - (N_1 - N_2)/N_1] × 100\% \qquad (2\text{-}5)$$

其中,W_1、W_2 分别表示实验结束后和实验开始前虾的平均体重(g),T 表示实验时间(d),N_1、N_2 分别表示实验结束后和实验开始前的对虾数量(尾)。

附 1 弧菌计数

一、材料

1.器材

电炉 1 台、大培养皿 10 个、100 mL 量筒 1 个、移液管 1 支、酒精灯 1 个、三

角涂布棒 1 个、500 mL 三角烧瓶 1 个、250 mL 烧杯 1 个、天平 1 个、酒精 1 瓶、棉布 2 张。

2.培养基

TCBS 培养基：蛋白胨 10.0 g、酵母提取物 5.0 g、蔗糖 20.0 g、$Na_2S_2O_3$ 10.0 g、柠檬酸钠 10.0 g、胆酸钠 3.0 g、牛胆汁 5.0 g、NaCl 10.0 g、柠檬酸铁 1.0 g、溴百里酚蓝 0.04 g、百里酚蓝 0.04 g、琼脂 15.0 g, pH 8.6 ± 0.2。称取 89 g 本培养基，加 1 L 去离子水浸泡 10 min。瓶口用纱布封盖，在火焰上方边摇动边加热至全部溶解。不要用灭菌锅灭菌。待冷却至 50 ℃时，倒入无菌培养皿。制作好的 TCBS 平板是绿色的。

二、样品采集

(1)用无毒塑料瓶采集水下约 10 cm 处的水样，采好的水样需盖紧瓶盖。

(2)采得的水样立即送检。否则，应将样品置于冰瓶或冰箱中，但不得超过 24 h，以免影响检验结果。

三、检验步骤

1.倒平板

(1)称量 100 g TCBS 弧菌琼脂粉和 1 000 mL 冷却的开水，倒入三角烧杯，加热搅拌，溶解琼脂粉，直至沸腾。

(2)在灭菌操作台上，将沸腾后的培养基冷却到 50～60 ℃，分别倒入经灭菌的各培养皿，每个培养皿 10～12 mL，待其冷却凝固，倒置于无菌泡沫箱内保存备用。注意：倒好的平板内不能有水珠或水层。

2.菌液接种

在灭菌操作台上，取水样 1 mL 用无菌海水依次稀释为 10^0、10^{-1}、10^{-2} 3 个稀释度。分别取各稀释样品 0.1 mL 滴至制好的 TCBS 培养基上，用灭菌的三角涂布棒将菌液涂抹均匀，平放于操作台上数分钟，使菌液渗入培养基。

3.弧菌培养

将接种培养皿倒置于 28 ℃恒温培养箱内培养 20～96 h，取出计数菌落。

4.菌落计数

计数时取同一稀释度下 3 组平行的平均值(菌落数在 30～300 范围内为有效数据)。

附 2　海水中亚硝酸盐的测定

一、材料

1. 器材

具塞比色管 50 mL、分光光度计。

2. 试剂

(1) $Al(OH)_3$ 悬浊液：称取 125 g 硫酸铝钾[$KAl(SO_4)_2 \cdot 12H_2O$]或硫酸铝铵[$NH_4Al(SO_4)_2 \cdot 12H_2O$]溶于1 000 mL 纯水中。加热至 60 ℃，缓缓加入 55 mL 氨水(20 ℃时的密度为 0.88 g/mL)，使 $Al(OH)_3$ 沉淀完全。充分搅拌后静置，弃取上清液。用纯水反复洗涤沉淀，至倾出上清液中不含氯离子(用 $AgNO_3$ 溶液试验)。然后加入 300 mL 纯水制成悬浮液，使用前振摇均匀。

(2) 对氨基苯磺酰胺溶液(10 g/L)。

(3) 盐酸 N-1-萘基乙二胺溶液(1.09 g/L)。

(4) 亚硝酸盐标准储备液[$\rho(NO_2^- \text{-N}) = 50\ \mu g/mL$]：称取 0.246 3 g 在玻璃干燥器内放置 24 h 的 $NaNO_2$，溶于纯水中，并定容至1 000 mL。每升加 2 mL 氯仿保存。

(5) 亚硝酸盐标准使用液[$\rho(NO_2^- \text{-N}) = 0.1\ \mu g/mL$]：取 10 mL 标准储备液于容量瓶中，用纯水定容至 500 mL。再从中吸取 10 mL，用纯水于在容量瓶中定容至 100 mL。

二、样品采集

同"附一　弧菌计数"。

三、检测步骤

(1) 若水样浑浊度或色度过大，可先取 100 mL，加入 2 mL $Al(OH)_3$ 悬浊液，搅拌后静置数分钟，过滤。

(2) 先将水样或处理的水样用酸或碱调成中性，取 50 mL 置于比色管中。

(3) 另取 50 mL 比色管配制标准浓度系列。其中，空白与最低检测限必须配制，其他系列视检测的具体情况而定。

(4) 向水样及标准浓度系列中分别加入 1.0 mL 对氨基苯磺酰胺溶液。摇匀后放置 2～8 min，加入 1.0 mL 盐酸 N-1-萘基乙二胺溶液，立即混匀。于 540 nm 波长下，用 1 cm 比色皿，以纯水作为参比，在 10 min～2 h 内测定吸光度。如含量低于 4 mg/L，改用 3 cm 比色皿。

(5) 绘制标准曲线，从标准曲线上查得水样中亚硝酸盐的含量。

(6) 计算：$\rho(NO_2^- \text{-N}) = m/V$。其中，$\rho(NO_2^- \text{-N})$ 表示水样中亚硝酸盐浓度(mg/L)，m 表示从标准曲线上查得样品中亚硝酸盐含量(mg)，V 表示水样体积(mL)。

海洋微藻的分离、培养、保藏与定量

　　藻类的培养液必须具备藻类的生长繁殖所需要的各种营养元素，并且营养盐的比例应该符合藻类生长繁殖的需要。不同种类的微藻对营养盐的质和量的需求不同，各有其特殊性，因此，制定某种微藻的培养液配方时，首先必须进行一系列实验，了解这该种藻类对营养的要求，并在使用中验证配方的效果，加以改进，使配方达到更理想的水平。藻类对营养盐的需求也有很多共同点，因而一些培养液配方(如 F/2)可应用于多种藻类的培养。进行微藻培养时，可根据培养藻类对营养的要求，选用合适的配方。

　　单胞藻类的培养，首先需要有藻种。原始的藻种采自天然水域混杂的生物群中，然后运用一定的方法，把所需要的个体，从天然水域混杂的生物群中分离出来，而获得单种培养。若藻种受敌害生物及其他杂藻的污染，也要通过分离进行纯化。

　　获得单种培养后，一方面应扩大培养，供应实验和生产使用；另一方面可较长时间保藏藻种，需要时可随时取出使用。藻种的培养要求比较严格。常用各种大小的培养容器培养。培养液、培养容器、工具经灭菌消毒，然后将藻种放在适宜的光照条件下培养，平时做好日常培养工作，做好防治敌害生物的措施。藻种在培养过程中必须定期用显微镜检查，保持单种培养，同时做好单胞藻的定量工作。

　　本组实验包括：

　　——实验一　微藻培养基的配制；

　　——实验二　近岸海水中微藻的采集和定量；

　　——实验三　海洋微藻的分离；

　　——实验四　海洋微藻的培养；

　　——实验五　海洋微藻的保藏；

　　——实验六　单胞藻的定量。

实验一　微藻培养基的配制

国内外使用的单胞藻培养液配方,数量众多。培养液是根据培养液配方配制的。为了减少每次称量的麻烦,固体的营养物质一般都配成母液(如浓缩1 000倍的母液),在使用时,只要吸取一定的量加入培养液中即成。主要营养物质可以单项配成母液,也可以分成若干组,每组2种或多种营养物质同配在一起。微量元素和辅助生长有机物质也可多种组合在一起,配成母液。在浓营养溶液中,一般生物因不能忍受而死亡。

F/2培养基(Guillard F/2 Medium),又称为F2培养基,是一种常规并广泛使用的通用型海水培养基,旨在用于培养海洋藻类,特别是硅藻(diatoms),如三角褐指藻、中肋骨条藻、金藻等。F/2培养基为长期、高密度藻类培养提供营养,应用非常广泛。针对不同的藻,以F/2培养基为基础还能衍生出一些特殊用途的配方。

一、实验目的

以海水单胞藻培养液通用配方F/2(＋Si)为例,掌握微藻培养基的配制方法。

二、实验材料

1.器材

高压蒸汽灭菌锅、超净工作台、恒温烘箱、移液器、pH计、真空抽滤装置、三角烧瓶、试剂瓶、玻璃棒、烧杯、容量瓶、纱布、牛皮纸、细棉绳、滤膜、过滤器、酒精灯、乳胶手套、一次性手套、脱脂棉等。

2.试剂

蒸馏水、海水、乙醇、琼脂、$NaNO_3$、$NaH_2PO_4 \cdot 2H_2O$、$Na_2SiO_3 \cdot 9H_2O$、EDTA-2Na、$FeCl_3 \cdot 6H_2O$、$CuSO_4 \cdot 5H_2O$、$ZnSO_4 \cdot 7H_2O$、$CoCl_2 \cdot 6H_2O$、$MnCl_2 \cdot 4H_2O$、维生素B_1、维生素B_{12}、生物素。

三、实验步骤

1. F/2(＋Si)培养基母液的配制

F/2(＋Si)培养基母液的配制如表 2-18 所示。

表 2-18　F/2(＋Si)培养基母液的配制

组别	营养物质	药品	每 100 mL 母液用量/g	实际用量/g	配法
A_1	氮	$NaNO_3$	7.5 g	7.5 g	溶于 100 mL 蒸馏水
A_2	磷	$NaH_2PO_4 \cdot 2H_2O$	0.562 g	0.562 g	溶于 100 mL 蒸馏水
B	硅	$Na_2SiO_3 \cdot 9H_2O$	3 g	3 g	溶于 100 mL 蒸馏水
C	微量元素 1	EDTA-2Na	0.436 g	0.436 g	于 100 mL 蒸馏水中先加 $FeCl_3 \cdot 6H_2O$,再加 EDTA-2Na,形成螯合物
		$FeCl_3 \cdot 6H_2O$	0.315 g	0.315 g	
D	微量元素 2	$CuSO_4 \cdot 5H_2O$	0.000 98 g	0.098 g	因剂量微小,取 100 倍母液用量溶于 100 mL 蒸馏水中,取其中 1 mL 于 C 中
		$ZnSO_4 \cdot 7H_2O$	0.002 2 g	0.22 g	
		$CoCl_2 \cdot 6H_2O$	0.001 g	0.1 g	
		$MnCl_2 \cdot 4H_2O$	0.018 g	1.8 g	
E	维生素 1	维生素 B_1	0.01 g	0.01 g	剂量微小,维生素 2 取 100 倍母液配量溶于 100 mL 蒸馏水冷藏储备。配母液时,取 1 mL 储备液溶于维生素 1 中,配成母液
	维生素 2	维生素 B_{12}	0.000 05 g	0.005 g	
		生物素	0.005 g	0.005 g	

D 加入 C 后,A_1、A_2、C 放入高压蒸汽锅灭菌。B、E 不能高温灭菌,可用 0.22 μm 膜过滤除菌(在无菌操作台中进行)。培养基在 4 ℃的保质期为一个月左右,以里面是否长菌判断是否过期。

2. 海水的处理

通常藻类培养过程中所用的海水需要高压灭菌,无论是人工海水还是自然海水,先经 0.22 μm 滤膜过滤(抽滤)之后,再在 121 ℃下高压灭菌 15～20 min。灭菌之后的海水最好是自然冷却,水浴降温易使海水结晶。通常是灭菌完成后温度降到 70 ℃以下,立即取出,于室温自然冷却。忌设置保温过夜。

3.F/2（+Si)培养基的配制

1 L 海水各加上述 1 mL A$_1$、A$_2$、B、C(含 D)、E 母液。即 1 000 mL F/2（+Si)培养基 = 1 000 mL 过滤灭菌海水 + 1 mL A$_1$液+1 mL A$_2$液 + 1 mL C 液(含 D)+ 1 mL E 液 + 1 mL B 液。配制 1 L 固体培养基时加入 15～20 g 琼脂即可。注意:煮沸的海水放置凉后(50 ℃以下)再加母液,否则会出现沉淀。

营养盐各组分容易互相反应形成螯合物。因此,高浓度营养盐母液(NaNO$_3$、NaH$_2$PO$_4$、维生素、微量金属元素、EDTA、NH$_4$Cl 等)需要分开配制和保存,灭菌前或接种前添加。此外,硅藻培养实验需要添加硅酸盐(Na$_2$SiO$_3$·9H$_2$O),如果加入海水再灭菌会出现乳白色沉淀。一般也是接种前添加,可用 0.22 μm 滤膜过滤。

实验二　近岸海水中微藻的采集和定量

本实验介绍近岸海水中微藻的采集、浓缩、定量的常用方法。血细胞计数法是近岸海水中微藻定量常用的方法。单细胞微藻高密度培养后也可以用此方法计数。

一、实验目的

掌握微藻的采集、浓缩、定量的常用方法。

二、实验材料

1. 器材

采水器、塑料瓶、定量瓶、刻度吸管、乳胶管、量杯、血细胞计数板、血盖片等。

2. 试剂

鲁氏碘液：称取 6 g KI 溶丁 20 mL 水中,待其完全溶解后,加入 4 g I_2 充分摇动,待 I_2 全部溶解后定容到 100 mL,即配成鲁氏碘液。

三、实验步骤

1. 样品的采集

(1)采水器的确定：根据水的深度选择采水器采集水样。一般浅水(<10 m)可用玻璃瓶采水器,深水必须用颠倒式采水器、北原式采水器或其他形式的采水器。

(2)采样点、采样层次、采样量的确定：如果水深不超过 2 m,可以在 0.5 m 处取水;如果水深 2~3 m,可分别在表层(离水面 0.5 m)及底层(离水底 0.5 m)各采一次水样;如水深在 3 m 以上,则应增加中层采水,大约每隔 1.5 m 左右加采一个水样。每一个采样点应采水 1 000 mL,立即加入 10~15 mL 鲁氏碘液固定,留作室内定量分析之用。泥沙多时,沉淀后再取水样。若是一般性调查,可将各层采的水等量混合,取1 000 mL混合水样固定;或者分层采水,分别计数后取平均值。分层采水可以了解每一采样点各层水中微藻数量和种类。采水时,每一瓶都应用标签标明样品号、采样时间、地点(纬度、经度)、水层、水温等。

2.水样的沉淀与浓缩

采得水样后,一般须经沉淀浓缩方适用于研究和保存。凡以碘液固定的水样,瓶塞要拧紧,还要加入2％～4％的甲醛固定液(福尔马林),即每100 mL样品需另加4 mL福尔马林,以利于长期保存。

将上述已固定的水样摇匀后,倒入1 000 mL圆柱形沉淀器中沉淀静置24 h,使其充分沉淀。沉淀器可用1 000 mL的瓶子代替。然后缓慢用虹吸管小心抽出上面不含藻类的上层清液。剩下30～50 mL沉淀物转入50 mL的定量瓶中。再用上述虹吸出来的清液少许冲洗沉淀器3次,冲洗液转入定量瓶。浓缩时切不可搅动底部;万一搅动了,应重新静止沉淀。为不使漂浮在水面的某些微小生物等进入虹吸管,管口应始终低于水面。虹吸时流速、流量不可过大,吸至清液的1/3时,应控制流速,使其成滴缓慢流下为宜。定量瓶外应贴上标签,标签格式如图 2-2。

编号	水域名称		
采样点			
水深	水温		
分析项目			
采样时间	年　　月　　日		

图 2-2　水样瓶标签

3.计数方法

取洁净的血细胞计数板一块,在计数区上盖上一块盖玻片。用20 μL移液器吸取鲁氏碘液固定过的藻液(如果浓度过高,进行稀释),从计数板中间平台两侧的沟槽内沿盖玻片的下边缘滴入一小滴。静置片刻,使细胞沉降到计数板上,不再随液体漂移。将血细胞计数板放置于显微镜的载物台上夹稳,先在低倍镜下找到计数区,再在高倍镜下进行计数。

4.实验结果记录与计算

按下列公式计算采集水样的微藻细胞数:

16×25型的计数板:每毫升水样中微藻细胞个数＝80个小方格微藻细胞总数/80×400×10 000×稀释倍数;

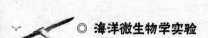

25×16 型的计数板:每毫升水样中微藻细胞个数＝100 个小方格微藻细胞总数/100×400×10 000×稀释倍数。

四、注意事项

(1)为了保证计数的准确性,避免重复计数和漏记,在计数时,对沉降在格线上的细胞有统一的计数规定:藻细胞位于大方格的双线上,计数时数上线,不数下线,数左线,不数右线。即位于本格上线和左线上的细胞计入本格,本格的下线和右线上的细胞不计入本格。

(2)为了计数视野清晰,可以向水里加点染料,或加滤光片,显微镜下观察反差会大些。用投射光源,不要反射光。

(3)取样只需几微升,用移液器。

(4)血细胞计数板使用后,用自来水冲洗,切勿用硬物洗刷,洗后自行晾干或用吹风机吹干,或用 95%乙醇、无水乙醇、丙酮等有机溶剂脱水使其干燥。通过镜检观察每小格内是否残留菌体或其他沉淀物。若不干净,则必须重复清洗直到干净为止。

(5)要先盖片,再滴样品,再用吸水纸吸引,会使藻类均匀地沉降在计数室内,计数时误差很小。如果先滴样品再盖片,在盖玻片与样品接触的同时,会使藻类在计数板的位置改变,分布不均匀。

(6)血细胞计数板专用的盖玻片与普通的盖玻片不一样。前者的规格为22 mm×26 mm×0.5 mm,后者最常用的规格为 18 mm×18 mm×0.2 mm,也有 20 mm×20 mm×0.2 mm、22 mm×22 mm×0.2 mm、24 mm×24 mm×0.2 mm。不能用普通的盖玻片代替血细胞计数板专用盖玻片的原因:

①两者重量不同。血细胞计数板是以单位体积内的细胞数计算的,点样后凹槽中的体积要保证是0.1 μL。盖玻片如果太轻,可能会浮起来,从而影响总体积,造成计数不准。

②边长也可能不同。由于血细胞计数板中央的两排突出部分要比两端的低,如果盖玻片不够长,支持它的不是两端而是中央,造成点样后液体的高度(正常为 1/250 mm)变化,从而影响总体积,计数不准。

例题

检测员将 1 mL 水样稀释 10 倍后,用抽样检测的方法检测每毫升水样中微藻的数量。将盖玻片放在血细胞计数板上,用吸管吸取少许培养液使其自行渗入计数室,并用滤纸吸去多余液体。已知每个计数室由 $25 \times 16 = 400$ 个小格组成,容纳液体的总体积为 $0.1 \ mm^3$。

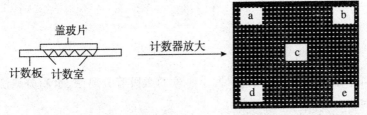

现观察到图中该计数室所示 a、b、c、d、e 5 个中格 80 个小格内共有微藻 n 个,则每毫升上述水样中微藻含量为多少?

解析:每毫升水样中微藻细胞个数 = 80 个小方格微藻细胞总数/$80 \times 400 \times 10\ 000 \times$ 稀释倍数 = $n/80 \times 400 \times 10\ 000 \times 10 = 5n \times 10^5$。

实验三　海洋微藻的分离

一、实验目的

了解单胞藻的分离方法,掌握单胞藻的微吸管分离法、水滴分离法和平板分离法。

二、实验材料

1. 器材

恒温培养箱、高压蒸汽灭菌锅、超净工作台、恒温烘箱、显微镜、移液器、试管、纱布、棉花、培养皿、三角烧瓶、接种针、细玻璃管、酒精灯、医用喉头喷雾器、牛皮纸、线绳、载玻片、吸管、玻璃棒、烧杯、容量瓶、滤膜、过滤器、乳胶手套、一次性手套等。

2. 试剂

灭菌海水、F/2海水培养基、乙醇等。

三、实验步骤

1. 采样

水样可取自天然水域,无论是开敞的水面或小港湾都可以采水。但应特别注意海岸上存留下来的小水洼,这些小水洼可能只在大潮时被海水淹没,有一段时间与大海隔绝,盐度略高于当地海区海水,尤其在盐场地区存在甚多。在这些小水洼中,往往生长有适于静水培养的藻类,且种类比较单纯,一种或数种藻类占优势,容易分离。另外,培养水生生物或储水的各种容器、水池,均可能生长大量浮游或附着藻类,也是采样的理想场所。如要分离底栖性微型硅藻,可刮取潮间带的"油泥",加海水搅拌后,弃去沉淀的泥沙,用密筛绢滤除大型藻类和杂质,即获得藻细胞浓度很高的水样。也可以把附着在大型藻类(如马尾

藻等)藻体上或其他附着物上的附着藻类洗刷下来作为分离的水样。

　　水样采回来后,进行显微镜检查。如果发现有需要分离的藻种,而这种藻类在水样中数量较多时,可立即进行分离。若数量少、分离困难时,必须先进行预备培养,待其数量增多后再分离。

　　2. 预备培养

　　预备培养可以用 500 mL 的三角烧瓶,加入 150 mL 的培养液,然后把经350 目筛绢过滤的水样 150 mL 接种进去,在一定的温度和光照下静止培养,每天摇动 1~2 次。预备培养的培养液可选择各类藻类通用的培养液,或者同时采用几种藻类培养液分别培养。实验多用通用型 F/2 海水培养基预备培养。F/2 海水培养基配制方法参照本组实验的实验一。预备培养的培养液浓度应小些,一般只用原配方的 1/2、1/3 或1/4。如果要分离的藻类的最适生长条件是已知的,那就在其最适的光照和温度下培养;如果不知其最适生长条件,那就在人为设定的条件下培养,以便适应应用时的特定环境。

　　在分离浮游藻类的预备培养过程中,应该每天摇动一次培养容器。但在分离附着藻时,容器可静止不动。不同藻类可能产生特有的藻群,在培养中往往有单一的藻类集群。将这些藻群吸移出来,有可能获得单种,或虽然达不到单种,由于混杂的生物数量少,分离容易。

　　在预备培养过程中,要经常观察。如发现培养液呈现出淡淡的颜色,即进行显微镜检查。如果是需要分离的藻类,数量占优势,应立即进行分离。如果没有需要分离的藻类,或者有需要分离的藻类但数量不占优势、分离有困难时,可再培养一段时间,等待优势种发生交替;或者再接种到不同的培养液中培养,有可能在新的培养液中容易形成优势。总的来说,在预备培养中,要勤观察,勤检查,掌握时机,及时分离。

　　经过预备培养,占优势的种类分离容易,也适合于在小型静水水体中生长繁殖。

　　用作预备培养各大类藻类的培养液不同,一般绿藻、硅藻和金藻的培养液是现成的。对一些难以培养的藻类,最好加入土壤抽出液。如果水样中藻类的种类较多,就应使用几种不同的培养液,使各种不同的藻类在适合于自己繁殖的培养液中繁殖起来。因此,为了培养好各种藻类,有必要准备各种适宜的培养液。特别是对于不容易得到的贵重样品,应该使用多种预备培养液培养。有的藻类在普通培养液中完全不能繁殖,有的繁殖非常困难。在此情况下,改变培养液的浓度,加入葡萄糖、蛋白胨等有机物,补充微量元素和辅助生长的有机物质,加入土壤抽出液,有可能获得较好的效果。

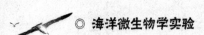

3.分离方法

单胞藻单种的分离方法,常用的有下列 3 种。

(1)微吸管分离法:用直径 0.5 cm、长 35 cm 的普通玻璃管,在中央部分加热,拉长 6~10 cm,使玻璃管的直径缩小至 0.06~0.1 cm,把它折断后即成两支吸管。把一团棉絮塞进吸管的宽大一端,然后放入高压灭菌器中消毒。消毒后,再在酒精灯上加热吸管的细端,用镊子拉成极细的微管,直径缩小至 0.08~0.16 mm即可。

微吸管在入水的瞬间,因毛细管的作用会吸入微量的水。将藻液水样置于浅凹载玻片上,在显微镜下观察、挑选要分离的藻细胞。吸取时把微吸管口对准藻细胞,手指放松,由于气流的关系,藻细胞被微吸管吸入。接着把吸出的水滴放在另一凹玻片上,显微镜检查这一滴水中是否只有吸出的藻细胞,无其他生物混杂。如不成,再反复做,直至达到单种分离的目的。然后把分离出的藻细胞移入预先装有培养液的试管,管口塞上棉塞,在适宜的光照条件下培养。每天轻轻摇动 1 次,待培养液呈现出藻色,再经显微镜检查,如无其他生物混杂,才达到分离的目的。

微吸管分离法操作技术难度大,往往吸取 1 个细胞要反复几次至十几次才能成功。该方法适宜于分离个体较大的藻类和其他浮游生物,分离较小的藻类较为困难。

(2)水滴分离法:选直径约 5 mm 的细玻璃管,拉制成全长约 8 cm 的短微吸管 5 支。另取载玻片 30~50 块、试管 10~20 支、小烧杯 2~3 只和吸管 2 支,洗刷清洁后用布抹干,置于恒温烘箱消毒备用。选择微吸管(无吸管橡皮帽)1 支,插入水样中约 2 cm,提起微吸管,待无水滴自然滴下,此时微吸管内尚有少量水样,把微吸管口与载玻片接触,即有一小滴水样留在载玻片上。水滴大小以在显微镜低倍镜视野中能看到水滴的全部或大部为准。如果所选微吸管不理想,另选 1 支,直到合乎要求为止。把水样倒入小烧杯,用培养液稀释至每一小水滴约有生物 1 个(也可能有 2 个,也可能 1 个没有)。用微吸管吸取水样按上述方法滴到载玻片上,一载玻片滴上水滴 3~4 滴,水滴呈直线排列,互相间隔一定距离。然后在显微镜下观察每个水滴,如果某一水滴内只有 1 个需要分离的藻类细胞,无其他生物混杂,即用吸管吸取培养液把水滴连同在水滴中的藻细胞冲入试管,并加入培养液达到试管容量的 1/4,试管口塞上棉花塞,放在适宜的光照条件下培养,每天轻轻摇动试管 1 次至试管中的培养液呈现出藻色,经显微镜检查是否达到单种分离的目的。一般分离一种藻类,需同时分离 10 支试管,通常在 10 支试管中总有 1~2 支试管分离成功,获得单种培养。

水滴分离法在技术上要求水滴大小符合标准,水样稀释适宜、动作迅速和观察准确。该法简便易行,尤其适宜于分离已在培养液中占优势的种类。

(3)平板分离法:在海水中加入1%~1.5%琼脂,采用高压蒸汽灭菌锅灭菌。将灭菌后的含琼脂的海水冷至55 ℃左右,加入培养基母液,无菌操作倾入灭菌平皿,内径9 cm的平皿倾注培养基13~15 mL,轻摇平皿底,使培养基平铺于平皿底部,厚度为0.3~0.5 cm。放冷培养基使其凝固。倾注培养基时,切勿将皿盖全部启开,以免空气中尘埃及细菌落入。新制成的平板培养基表面水分较多,不利于微藻的分离,通常应将平皿倒扣搁置于37 ℃培养箱内约30 min,待平板平面干燥后使用。

平板分离方法有划线法、喷雾法、稀释分离法3种。

划线法:水样不用稀释,取一金属接种环在酒精灯火焰上灭菌后,蘸取水样轻轻在培养基平面上做第一次平行划线3~4条,转动培养皿约70°,把接种环在火焰上灭菌,通过第一次划线区做第二次平行划线。同样方法通过第二次划线区做第三次划线,再做第四次划线。由于蘸到接种环上的细胞较多,在第一划线区,藻细胞群密集,分离不开;但在第三、第四划线区,可能分离出孤立的藻类群落。

喷雾法:首先用经煮沸消毒的海水把水样稀释到合适的程度,装入消毒过的医用喉头喷雾器,打开培养皿盖,把水样喷射在培养基平面上,使水样在培养基平面上形成分布均匀的一薄层水珠。水样稀释到合适的程度是指水样喷射在培养基平面上必须相隔1 cm以上才有1个生物(或1个藻类细胞),将来生长繁殖成一藻群后容易分离取出。稀释不够,将来生成的藻群距离太近,不容易分离。

稀释分离法:用已消毒的试管5支,在第一支试管中加蒸馏水10 mL,第二到第五支试管都加5 mL,用高压蒸汽消毒。待冷却后,在第一支试管中滴入混合藻液1滴,充分振荡,使其均匀稀释。再用经消毒的吸管从第一支吸管中吸取5 mL到第二支吸管中,充分振荡后再取5 mL到第三支试管中,如此直至第五支试管。再取5个已装有消毒培养基的培养皿,倾注固体培养基,待冷却而尚未凝固时,分别滴入5支试管中的藻液各1滴,用力振荡,使藻液充分混入培养基。等冷凝后,将培养皿放在适合的条件下,直到培养基中出现藻类群落。在稀释适当的培养皿内,藻类群落和细菌群落会充分分离。在无菌条件下选取单个藻类群落接种到固体培养基的表面,再培养。重复数次,直至得到纯的藻类群落。

划线法、喷雾法或稀释分离法接种后,盖上培养皿盖子,放在适宜的光照条

件下培养。一般经过 20 d 左右的培养,就可以在培养基平面上生长出互相隔离的藻类群落。通过显微镜检查,寻找需要分离的藻类群落,然后用消毒过的纤细解剖针或玻璃微针把藻细胞群连同一小块培养基取出,移入装有培养液的试管或小三角烧瓶,加棉花塞,在适宜的光照条件下培养。培养中每天轻轻摇动 1～2 次,摇动时避免培养液沾湿棉花塞。经过一段时间的培养,藻类生长繁殖、数量增多,再经一次显微镜检查,如无其他生物混杂,才达到单种培养的目的。如还有其他生物混杂,则再分离,直到获得单种培养为止。

实验四　海洋微藻的培养

一、实验目的

掌握海洋微藻的培养方法。

二、实验材料

1.器材

恒温培养箱、高压蒸汽灭菌锅、超净工作台、恒温烘箱、显微镜、移液器、电炉、紫外灯、试管、纱布、棉花、培养皿、三角烧瓶、接种针、酒精灯、牛皮纸、线绳、载玻片、玻璃棒、烧杯、滤膜、过滤器、乳胶手套、一次性手套等。

2.试剂

灭菌海水、F/2海水培养基、消毒剂、盐酸、NaOH。

三、实验步骤

1.容器、工具的消毒

为防止单胞藻在培养过程中被污染,培养用的容器和工具都必须经过消毒。消毒和灭菌的定义是有区别的。灭菌是指杀死一切微生物,包括营养体和芽孢;消毒则只杀死营养体,不杀死芽孢。保种需达到灭菌的程度,而生产性培养只需消毒就可以了。常用的消毒方法有高温消毒法和化学药品消毒法。

(1)高温消毒法:高温消毒法是利用高温杀死微生物的方法。不耐高温的容器如塑料和一些橡胶制品等不能利用高温法消毒。

①直接灼烧灭菌:接种环、镊子等金属小工具,试管口、瓶口等可以直接在酒精灯火焰上灼烧灭菌。载玻片、小刀等则最好先蘸酒精,然后在酒精灯火焰上点燃,等器具上的酒精烧完,也就完成了灭菌操作。

②煮沸消毒:把容器、工具放至锅中,加水煮沸消毒,一般煮沸 5~10 min。

大型锥形瓶消毒,可在瓶口上放一普通的玻璃漏斗,再在漏斗上放一称量瓶盖,在锥形瓶内加少量淡水,置于电炉上加热煮沸 5～10 min,可使整个瓶壁消毒。消毒完毕即用消毒的纸或消毒的纱布包扎瓶口。此法适合消毒小型的容器工具。如果在水中加 1% 的 Na_2CO_3 效果更好。

③烘箱干燥消毒:将玻璃容器、金属工具用清水洗干净后,放入烘箱。关闭烘箱门,打开箱顶上的通气孔,接通电源加热。当温度上升到 120 ℃时,关闭通气孔,停止加热。如果进行纯培养,容器必须灭菌。当温度上升到 105 ℃时,关闭通气孔,继续加热至 160 ℃,保持温度,恒温 2 h,然后停止加热。必须要等到温度下降到 60 ℃以下,才能打开烘箱门。

④高压蒸汽灭菌:用高温加高压灭菌,不仅可杀死一般的细菌、真菌等微生物,对芽孢、孢子也有杀灭效果,是最可靠、应用最普遍的物理灭菌法。主要用于能耐高温的物品,如培养基、金属器械、玻璃、搪瓷、敷料、一些橡胶制品及一些药物的灭菌。高压蒸汽灭菌器的类型和样式较多。下排气式压力蒸汽灭菌器是普遍应用的灭菌设备,压力升至 103.4 kPa(1.05 kg/cm²),温度达 121.3 ℃,维持 15～20 min,可达到灭菌目的。脉动真空压力蒸汽灭菌器已成为目前最先进的灭菌设备,蒸汽压力205.8 kPa(2.1 kg/cm²),温度达 132 ℃以上并维持 10 min,即可杀死包括具有顽强抵抗力的芽孢、孢子在内的一切微生物。

高压蒸汽灭菌器按照样式大小分为手提式高压灭菌器、立式压力蒸汽灭菌器、卧式高压蒸汽灭菌器等。手提式高压灭菌器容积为 18 L、24 L、30 L。立式高压蒸汽灭菌器为 30～200 L,每种容积的还有分为手轮型、翻盖型、智能型,智能型又分为标准配置、蒸汽内排、真空干燥型。

使用高压蒸汽灭菌器的注意事项:

①包裹不应过大、过紧,一般应小于 30 cm×30 cm×50 cm。

②包裹不要排得太密,以免妨碍蒸汽透入,影响灭菌效果。

③压力、温度和时间达到要求时,指示带上和化学指示剂即应出现已灭菌的色泽或状态。

④易燃、易爆物品,如碘仿、苯类等,禁用高压蒸汽灭菌。

⑤锐性器械,如刀、剪不宜用此法灭菌,以免变钝。

⑥瓶装液体灭菌时,要用玻璃纸和纱布包扎瓶口;如有橡皮塞时,应插入针头排气。

⑦应有专人负责,每次灭菌前,应检查安全阀的性能,以防压力过高发生爆炸,保证安全使用。

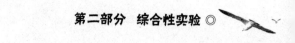

⑧注明灭菌日期和物品保存时限,一般可保存1~2周。

(2)化学药品消毒法:在生产性大量培养中,大型容器、工具、水泥池等常用化学药剂消毒。

①酒精:酒精能使蛋白质凝固而起杀菌作用。酒精的浓度在70%~75%时,消毒效果最佳。酒精消毒常用于中小型容器和工具,方法是用纱布蘸酒精在容器、工具的表面涂抹,几分钟后用消毒水冲洗。

②$KMnO_4$:$KMnO_4$又称灰锰氧,为紫色针状结晶,易溶于水,是一种强氧化剂,能使蛋白质变性,杀菌能力很强。$KMnO_4$溶液要现用现配。消毒时将容器、工具等浸泡在新配的300×10^{-6}浓度的$KMnO_4$溶液中5 min,然后取出用消毒水冲洗2~3次。如果是对玻璃钢水槽、水泥池等消毒,可以用0.05%浓度的$KMnO_4$溶液泼在池壁上,泼洒几遍后刷洗池底,10 min后再用消毒水冲洗干净。

③石炭酸:石炭酸主要破坏细胞膜,并使蛋白质变性。消毒按3%~5%的比例配成消毒液,把要消毒的容器和工具放在其中浸泡0.5 h,再用消毒水冲洗2~3次。

④盐酸:取工业盐酸1份,加淡水9份,配成10%的盐酸溶液。容器、工具放入盐酸溶液中浸泡5 min,取出用消毒水冲洗2次。

⑤漂白粉或漂白液:工业上用的漂白粉一般含有效氯30%~35%,消毒时配成含有效氯为0.01%~0.03%的溶液,把容器、工具在溶液中浸泡0.5 h再用消毒水冲洗3~4次即可。

2.培养用海水的消毒

消毒海水时可根据培养的目的和方式选用以下方法之一。

(1)加热消毒法:经沉淀、过滤的海水,一般加热至90 ℃左右维持5 min或达到沸腾即可。由于海水中的一些对藻类生长有促进作用的有机物在高温时易遭破坏,所以加热时间不宜太长。

(2)过滤除菌法:经沉淀的海水先经砂滤,把大型生物和非生物杂质去除,再用陶瓷过滤罐过滤,除去微小生物。

(3)NaClO消毒法:按每立方米海水20 mg有效氯的量加入NaClO溶液,充气10 min后停气,经6~7 h消毒后,按每立方米水体25 g的量加入$Na_2S_2O_3$,强充气4~6 h,用H_2SO_4-KI-淀粉溶液测试,若无余氯即可使用。

(4)紫外线消毒:有成型的紫外线消毒器可供选用。但此法不易杀灭较大的浮游动物。最好与过滤法结合使用。

3. 接种

接种就是把作为藻种的藻液接入新配好的培养液,进行丰富培养。接种的过程虽然简单,但要注意藻种的质量、藻种的密度、接入藻液的数量以及接种的时间等问题。

(1)藻种的质量:藻种的质量对培养结果的影响很大。一般要求藻种无敌害生物污染、藻种生长旺盛、藻液的颜色正常、藻液中无沉淀、细胞无附壁。

(2)藻种的密度和接种数量:藻种藻液的密度应达到或接近可以收获的密度。接种后藻细胞在新培养液中应该达到较大的密度,这样有利于细胞在培养液中形成优势群体,不易出现污染,缩短培养周期。一般来说小型培养时藻种液和新培养液的比例为 1∶2～1∶3,一般一瓶藻种可接成 3～4 瓶。中继培养和生产性大量培养由于培养容器容量大,藻种供应有时不足,可根据具体情况灵活掌握,但最少不宜低于 1∶50。一般以 1∶10～1∶20 较适宜。

(3)接种的时间最好在上午的 8:00～10:00 时,这个时间是藻类细胞代谢最旺盛的时候。而傍晚到夜间,多种藻类有细胞下沉现象,不宜接种。

4. 培养

(1)培养方式:单胞藻的培养方式多种多样,可以根据不同的培养目的和不同的培养条件来选择不同的方法。只要是能够充分满足单胞藻的生长条件、在培养期间没有污染、便于操作、能达到培养目的的方法,就是可取的方法。常用的培养方法从不同的角度可以大概地进行以下分类。

①纯培养和单种培养:纯培养即无菌培养,是没有任何其他一切生物的单种培养。单种培养是不排除细菌存在条件下的单一藻种的培养。

②充气培养和不充气培养:充气培养一般是在高密度培养时采用,用充气的方式补充培养液中的 CO_2。

③开放式培养和封闭式培养:开放式培养的容器是敞开的,由于有充足的光照和空气流通,一般来说藻类的生长比较快,但是容易被污染。封闭式培养是将藻类培养在封闭的透明圆柱形容器(如玻璃瓶)、透明塑料薄膜袋等容器中,容器除了充气管、加液管和藻液抽出管外,不与外界接触。封闭式培养由于污染少,培养的成功率很高。

④一次性培养和连续培养:一次性培养是指培养液中的藻类长起来后一次性采收。当藻类达到一定的密度时只采收了一部分藻液,又加入新的培养液继续培养,称为半连续培养。连续培养一般为室内的封闭培养,有人工光源,充气,培养的藻类在优化的条件下快速生长繁殖,培养液从一端连续流入,一定密度的藻液从另一端连续流出。连续培养的流量是可以人为控制的。

⑤小型培养和大面积培养:小型培养的目的是为生产性培养提供藻种。一般培养容器为1 000～3 000 mL的三角烧瓶,用消毒的白纸或纱布包扎瓶口,一般是不充气的封闭式一次性培养。比小型培养的规模大一些的是中继培养,目的是培养大量的高纯度藻种,为生产性培养提供大量的藻种,培养容器的体积在几升到几百升之间,一般是封闭式半连续培养。在大型的玻璃钢水槽、水泥池中的培养则是生产性的大面积培养,容易污染,往往是充气的开放式一次性培养。

(2)日常管理:培养单胞藻的日常管理包括以下几个内容。

①搅拌和充气:通过搅拌或充气增加水和空气的接触面积,使空气中的CO_2溶解到培养液中,补充由于藻细胞作用对CO_2的消耗,促进藻类细胞的光合作用,还可以帮助沉淀的藻细胞上浮而获得光照,同时防止水表面长出菌膜。培养中可以根据具体情况分别采用摇动、搅拌或充气的方法。搅拌、摇动一般每天至少3次,定时进行,每次0.5 min。可24 h连续充气或间歇充气。

②调节光照:光强和光周期对藻类生长的影响非常大,培养时必须根据培养种类对光照的要求采取挡光、遮光或增加人工光照等措施使培养物得到适合的光照。极端易变是太阳光源的特点,必须根据天气情况不断调节光照度。室内尽可能利用近窗口的漫射光,防止直射光照射,光照过强时可用竹帘或布帘遮光调节。室外一般应有棚室顶架,用活动白帆布或彩条布篷调节光照,阴雨天可短期利用人工光照。

③调节温度:每一种藻类都有最适的温度范围,为了保证培养藻的快速生长,必须为其提供适宜的温度。如是室外的大面积培养,当季节变化、气温不适合原来培养的藻类时,必须更换其他适当的种类。冬季培养可加取暖设备来提高温度。

④注意 pH 的变化:CO_2被吸收利用,导致藻液 pH 上升。随着藻类细胞对营养盐的不平衡吸收,培养液的 pH 会发生变化,有时这种变化会在短时间内发生。当培养液的 pH 超出藻类的最适范围时,就会抑制藻类的生长。因此,在日常管理中要格外关注培养液 pH 的变化。如 pH 过高或过低,可以用1 mol/L的盐酸溶液或 NaOH 溶液来调节培养液的 pH。

⑤防止污染:在开放式培养中,要注意防止污染。

5.生长情况的观察和检查

在日常培养工作中,必须每天定时全面地检查藻类的生长情况。藻类的生长情况,可以通过观察藻液呈现的颜色、藻细胞的运动或悬浮情况、沉淀和附壁现象的有无、菌膜和敌害生物污染迹象的有无等观察而了解到。

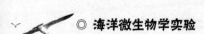

①颜色:对颜色的观察很重要。绿藻生长繁殖良好时,随着密度的增加,培养液由嫩绿到深绿色。三角褐指藻、新月菱形藻正常生长时藻液呈褐色,藻体悬浮于水中形成云雾状水团,随着密度的增加,由浅褐色到深褐色。金藻生长良好时呈金褐色。接种后,随着藻类的细胞浓度逐渐增加,正常情况颜色由浅变深。若颜色由深变浅则可能是环境因子不适宜引起的。若出现其他颜色,如蓝色、黄色、乳白色等,说明藻液被污染了。

②运动和沉淀:具有运动能力的藻类在水中有一定的分布特点。硅藻生长良好时会在水中形成云雾状水团;金藻虽然有鞭毛,但运动缓慢,一般不会迅速上浮,而是形成趋光带,细胞群成线状上浮。当环境不适时,藻类会下沉形成沉淀,当环境变好时则上浮。如果在环境条件正常时藻液出现沉淀,而且经过搅拌后又很快下沉,则是不正常现象。沉淀藻体的颜色如果保持原色,说明还没有死亡,有可能恢复正常生长。如果藻体变成灰白色,则藻类已死亡。造成藻类沉淀的原因是多方面的,但主要的原因是环境不良或营养不足使藻类的生长受到抑制。

③附壁:生长良好的单胞藻不附壁,若附壁则说明环境不适,生长不良。

④菌膜:水面出现菌膜说明有细菌或真菌生长。

6.防治敌害生物的措施

在单胞藻培养过程中,常会发生敌害生物污染。敌害生物污染对培养藻类的危害是十分严重的,常常使培养归于失败。敌害生物的污染和危害是当前单胞藻培养不稳定的主要原因。敌害生物的防治问题,目前还没有彻底解决。对待敌害生物的污染和危害应实行以防为主、防治结合的措施,尽可能降低其危害程度。

(1)预防措施:

①严格防止污染:防止污染的重点应该放在生产性藻种培养这一级上。因为藻种培养在室内,培养容器为玻璃瓶,防止污染条件较好,所以只要藻种级没有敌害生物污染,扩大培养到水池,生产周期短,即使发生敌害生物污染,也需要一段生长繁殖时间才能达到一定数量,所以影响不大。

②保持培养藻液的生长优势和数量优势:首先接种的藻种最好取自指数生长期。接种量大,从培养开始,培养藻液在培养液中即占数量上的绝对优势。

③做好藻种的分离、培养和供应工作:在培养过程中,严格防止污染是重要的,但从目前单胞藻的培养水平看,绝对防止敌害生物污染是不可能的。要根本解决这个问题,就必须不断补充新的纯藻种来取代在长期培养过程中已经受污染的藻种,这才可能使培养顺利进行。

（2）清除、抑制或杀灭敌害生物的方法：

①使用过滤方法清除大型敌害生物：饵料微藻都很小，对大型敌害生物（如轮虫等）污染可用过滤方法清除。清除轮虫等敌害生物可用孔径小于 60 μm 的密筛绢网过滤，必须连续过滤。

②使用药物抑制或杀灭敌害生物：培养亚心形扁藻和湛江等鞭藻出现尖鼻虫危害时，在藻液中加0.003％医用浓氨水，可有效杀死尖鼻虫而不影响藻细胞生长繁殖。如果在藻液中细菌大量繁殖，致使藻细胞生长缓慢、大量下沉，可在藻液中加入少量青霉素，抑制细菌的生长。

③改变环境条件杀灭敌害生物：利用亚心形扁藻耐高盐的特性，使用提高相对密度的方法杀灭敌害生物。在被污染的藻液中加入食盐，把藻液相对密度提高到 1.056～1.060，游仆虫等敌害生物可被杀死。培养盐藻时，在 1 000 mL 藻液中加盐 70～110 g 能杀死尖鼻虫、游仆虫及个体较小的原生动物。

当亚心形扁藻、湛江等鞭藻中有尖鼻虫、游仆虫等敌害生物时，可以采用盐酸酸化藻液的办法进行杀灭。1 000 mL 藻液中加 1 mol/L 盐酸 3 mL，边加边搅拌，同时测定 pH。待 pH 降到 3 时，停止加盐酸，酸化0.5～1 h，即可将上述敌害生物杀死。然后用 NaOH 将藻液恢复原 pH，藻体经 23～25 h，就可恢复游动及正常生长繁殖。

实验五　海洋微藻的保藏

　　获得单种培养后,一方面扩大培养,供应实验和生产使用;另一方面可较长时间保藏藻种,需要时可随时取出使用。单种分离是不容易的,要花费不少精力和时间。一旦得到了单种,就要设法把它长期保存下来。藻种的保藏,通常是把藻种接种在固体和液体双相培养基上,在低温、弱光条件下培养,接种一次可保藏半年到一年。可以根据保种目的和保种条件的不同分别采取不同的保种方法。

一、实验目的

掌握海洋微藻的保藏方法。

二、实验材料

1.器材

恒温培养箱、高压蒸汽灭菌锅、超净工作台、恒温烘箱、显微镜、移液器、电炉、紫外灯、试管、纱布、棉花、培养皿、三角烧瓶、接种针、酒精灯、牛皮纸、线绳、载玻片、玻璃棒、烧杯、滤膜、过滤器、乳胶手套、一次性手套等。

2.试剂

灭菌海水、F/2 海水培养基等。

三、实验步骤

(一)固体培养基保藏法

此法通常把藻种接种在固体培养基上,在弱光、低温条件下保存。接种一次可以保存半年到一年。

1.固体培养基的制备

作为保藏藻种用的固体培养基的营养浓度应按配方增加 1 倍。保种用的容器有试管、三角烧瓶、克氏扁瓶等。在海水中加入 1%～1.5% 琼脂，采用高压蒸汽灭菌锅灭菌。将灭菌后的含琼脂的海水冷至 55 ℃ 左右，加入培养基母液，无菌操作倾入灭菌平皿，轻摇平皿底，使培养基平铺于平皿底部。试管应倾斜制成斜面，三角烧瓶则平放，待冷，即成固体培养基。分装时应防止培养基沾在管口或瓶口上。分装后试管口和瓶口需塞上棉花塞，再用纸包扎。

2.接种

保藏的藻种，可直接接种在固体培养基上。把试管的包扎纸和棉塞取下，用灭菌的接种环蘸取藻液在培养基斜面上"之"字形划线接种，再把棉塞塞好，绑紧包扎纸。三角烧瓶和克氏扁瓶可用喷雾法接种，利用医用喉头喷雾器把藻液均匀喷射在培养基平面上。

也可以在固体培养基上加上培养液（双相培养基），然后接种。此法使用三角烧瓶为容器最理想，在固体培养基上加入比固体培养基体积多 2 倍的培养液，然后接种少量藻液。利用双相培养基保藏藻种，可避免固体培养基因水分蒸发而干涸的问题，保藏效果比单用固体培养基好，为通常采用的方法。

3.培养和保藏

单用固体培养基保藏的藻种，接种后首先放在适宜的光照条件下培养，待藻细胞生长繁殖达到较高的密度，在平板上可看到藻色明显的条状或块状的藻细胞群，再移至低温、弱光的条件下保藏。双相培养基保藏的藻种，接种后可直接移至低温、弱光的条件下保藏，也可在适宜的光照条件下培养 3～4 d 后再移至低温、弱光的条件下保藏。

低温、弱光的条件，通常是指放在冰箱内，温度控制在 5～8 ℃ 之间，冰箱内装 1 支 8 W 的日光管，开关设在冰箱外，每天照明 1～2 h，也可长期连续照明。

藻种保藏的目的是使藻种能在较长的时间保存下来。因此，藻种必须在低温、弱光的条件下培养，使藻细胞在培养基上慢慢生长繁殖，让培养基的营养慢慢消耗。在此，应特别强调，藻种保藏不能没有光。在弱光的条件下保藏培养，可保存半年到 1 年，甚至 2 年以上。但如果不给予光照，保存在完全黑暗的条件下，则保藏时间大大缩短，且藻细胞老化。

（二）循环移养保藏法

此法采用的容器一般为三角烧瓶（300 mL、500 mL、1 000 mL 等）和细口瓶（10 000 mL、20 000 mL 等）。将容器、工具消毒后，加入正常浓度的培养液，接种后瓶口用消毒的滤纸包扎，放在适宜的温度和光照条件下培养。白天摇动瓶子数次。一般 5～10 d 即可移样一次。此法简单、容易掌握，而且保存的藻种活力强、纯度高、数量大。

实验六　单胞藻的定量

　　传统的藻类数量测定方法是用血细胞计数板进行的。虽然该方法操作较简单,但由于要进行数量稀释,而且不同操作人员在读数时取舍不同,往往会造成一定的实验误差。用分光光度计测定不同数量藻类在特定波长的 OD 值,并与实际数量值进行比较,发现它们具有良好的线性关系,因此可用 OD 值来表示藻类的数量值,简化藻类数量的测定方法,减少操作时的工作量。由于单胞藻藻体是不透光的,光束通过藻液时,会由于被散射或被吸收而降低其透过量,因此,可考虑建立利用分光光度法测定单胞藻数量的方法。

　　本实验旨在探讨单胞藻类数量测定方法,简化单胞藻数量测定的操作,便于在生产实践中更好地控制单胞藻的数量。在生产中,可根据经验直接用 OD 值来取代数量值。虽然各种单胞藻的个体大小、颜色不同,其 OD 值也不同,但同一种单胞藻的 OD 值与数量值的关系是确定的,因此在全面测定某种单胞藻类在不同生长时期的 OD 值后,可供以后应用时参考,直接用 OD 值来取代数量值。

　　在单胞藻培养中,也可用 OD 值来监测藻类生长情况。从单胞藻接种培养开始,定时测 OD 值直至藻类老化,列出一系列 OD 值,在以后的藻类培养中可作为参考,通过随时测 OD 值来了解藻类生长状况,及时投喂或扩大培养。

一、实验目的

　　(1)掌握用分光光度法、血细胞计数板法测定单胞藻数量。
　　(2)学会应用 Excel 分析细胞数目与 OD 值的相关性,学会绘制细胞生长曲线。

二、实验材料

　　1.器材
　　恒温培养箱、高压蒸汽灭菌锅、超净工作台、恒温烘箱、显微镜、移液器、分光光度计、紫外灯、试管、纱布、棉花、三角烧瓶、接种针、酒精灯、牛皮纸、线绳、载玻片、玻璃棒、烧杯、滤膜、过滤器、乳胶手套、一次性手套、血细胞计数板、盖玻片、胶头滴管等。

2.试剂

灭菌海水、F/2 海水培养基、酒精、鲁氏碘液。

三、实验步骤

1.微藻的培养

藻种的培养要求比较严格。常用不同大小的三角烧瓶为培养容器,容量有 100 mL、300 mL、500 mL、1 000 mL 等。培养液、培养容器、工具经高压灭菌消毒。接种后,瓶口用消毒过的纱布、纸包扎,放在适宜的光照条件下培养,每天轻轻摇动两次。大约两周进行一次移养。藻种在培养过程中必须定期进行显微镜检查,保持单种培养。一般培养的接种量为 1/5～1/3。

2.藻种的计数

(1)分光光度计定量法:首先确定微藻的最大吸收波长。比色皿用 75% 酒精消毒后,将藻液摇匀,倒入 2/3 体积,在不同的波长下测定 OD 值。注意分光光度计测定前要调零。某种单胞藻在某一特定波长具有最高吸收峰,则此波长为最大吸收波长。其测定方法是在不同波长下,测定样品的不同 OD 值,把连续、多次在不同波长下得的 OD 值进行比较,找出 OD 值最大时的波长,即为该种单胞藻的最高吸收峰。每天测定一次。

(2)血细胞计数板计数方法:每天测定一次,用血细胞计数板法测定最大 OD 值下相对应的实际数量值。

①搅拌:由于藻类细胞在培养液中分布不均匀,所以在取样前必须进行搅拌,搅拌后立即取样。

②固定、稀释:需加鲁氏碘液杀死运动细胞才能计数。如细胞浓度过大,计数困难,需把水样稀释到适宜的程度。

③计数板与盖玻片洗净擦干,盖好盖玻片,摇荡藻液,吸取藻液,迅速加样,静置片刻,使细胞沉降到计数板上。

④将血细胞计数板放置于显微镜的载物台上夹稳,先在低倍镜下找到计数区,再转换到高倍镜下观察计数。根据 16×25 型、25×16 型不同的计数板,选定区域,进行计数。每个样品重复计数 3 次,并选择相应的公式计算。

3.分析细胞数目与 OD 值的相关性

用 x 表示 OD 值,y 表示单胞藻的数量值(10^6 mL^{-1}),根据最小平方法,设

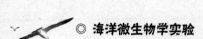

二者间的函数关系式为 $y=ax+b$，可应用 Excel 求出 a、b 和两个变量 x、y 之间的线性相关系数 r。

Excel 操作步骤：

①打开 Excel，输入两组数据，用 x 表示 OD 值，y 表示单胞藻的数量值。

②选择一组数据，点击"插入"，选择"散点图"。

③选定散点，右键单击，选择"添加趋势线"。

④点击"线性"，勾选"显示公式"和"显示 R 平方值"，得出结果 R 的平方，用计算器开方就得到相关系数 r。

4.观察和绘制生长曲线

分别绘制以 OD 值和细胞绝对数目为纵坐标、时间为横坐标的生长曲线，观察并描述微藻不同生长时期的特点。

第三部分　研究设计性实验

　　研究设计性实验是在文献检索课、专业基础、综合实验的基础上构建的高层次的实验,要求学生能独立地查阅资料、制订实验方案,包括研究背景、实验方法、实验器材、实验方案等。对于查阅资料、设计实验方案和实验过程中遇到的问题,学生要在自己认真思考的基础上,提出分析、解决问题的设想,然后在教师的指导下独立地去解决问题,最后写出实验报告。

研究性实验

一、研究性实验的目的

研究性实验的目的是充分调动学生的学习主动性、积极性和创造性,使学生把所学得的微生物学知识应用于实验的选题与自主综合设计。学生通过自主和创造性设计一个或几个小型实验研究项目,在一定的实验条件和范围内,完成从选题、实验设计、亲自动手操作到结果分析和论文撰写全过程,最终提高发现问题、提出问题、分析问题和解决问题的能力,提高自学能力、实践能力和创新思维,并以此树立严谨的科学研究作风和科研创新精神。

二、研究性实验的基本步骤

1.选题及拟定实验方案

实验题目可由教师根据科研需要或生活生产实际需要给定,也可由学生可根据自己的兴趣爱好自由选择题目。选定实验题目之后,学生首先要了解实验目的、任务及要求,查阅有关文献资料(资料来源主要有教材、学术期刊等),查阅途径有到图书馆借阅、网络查询(主要为中国知网)等。学生根据相关的文献资料,写出该题目的研究综述,拟定实验方案,包括实验原理、实验示意图、实验所用的仪器材料、实验操作步骤等。在这个阶段,学生应在实验原理、实验方法、实验手段等方面有所创新,检查实验方案是否合理、是否可行,同时要考虑实验室能否提供实验所需的实验器材及实验的安全性等。指导教师根据设计方案的目的性、科学性、创新性和可行性进行初审,然后与学生一起对实验方案进行论证。

2.实施实验方案、完成实验

学生根据拟定的实验方案,列出实验所需的菌种、器材与药品(器材名称、型号、规格和数量;药品或试剂的名称、规格、剂型和使用量),包括特殊仪器与药品需要;确定实验方法与操作步骤,包括实验的技术路线、实验的进程安排、每个研究项目的具体操作过程,以及设立的观察指标和指标的检测手段;在实验过程中不断地完善实验方案。在这个阶段,学生要认真分析实验过程中出现的问题,积极解决遇到的问题,要多与教师、同学进行交流、讨论。在此过程中,学生首先要学习用实验解决问题的方法,并且学会合作与交流,对实验或科研的一般过程有新的认识;其次要充分调动主动学习的积极性,善于思考问题,培养勤于创新的学习习惯,提高综合运用知识的能力。

(1)预实验:按照实验设计方案和操作步骤认真进行预实验。在预实验过程中,学生要做好各项实验的原始记录。实验结束后,应及时整理实验结果,发现和分析预实验中存在的问题和需要改进、调整的内容,并向指导教师进行汇报。得到教师的同意之后,在正式实验时加以更正。

(2)正式实验:按照修改后的实验设计方案和操作步骤认真进行正式实验。做好各项实验的原始记录。实验结束后,及时整理实验数据。

3.析实验结果、撰写实验报告

实验结束需要分析总结的内容有对实验结果进行讨论,进行误差分析;讨论总结实验过程中遇到的问题及解决的办法;写出完整的实验报告;总结实验成功与失败的原因、经验教训、心得体会。实验结束后的总结非常重要,是对整个实验的一个重新认识过程,在这个过程中可以锻炼学生分析问题、归纳和总结问题的能力,同时也提高了学生的文字表达能力。

三、实验报告书写要求

实验报告应包括以下几个方面:
(1)实验目的。
(2)实验仪器及用具。
(3)实验原理。
(4)实验步骤。
(5)测量原始数据。
(6)数据处理过程及实验结果。
(7)分析、总结实验结果,讨论总结实验过程中遇到的问题及解决的办法,总结实验成功与失败的原因、经验教训、心得体会。

四、实验成绩评定办法

教师根据学生查阅文献、实验方案设计、实际操作、实验记录、实验报告总结等方面综合评定学生的成绩。

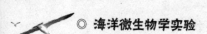

◎ **海洋微生物学实验**

(1)查询资料、拟定实验方案:占成绩的20%。主要考查学生独立查找资料并根据实验原理设计一个合理、可行的实验方案的能力。

(2)实施实验方案、完成实验内容:占成绩的30%。考查学生独立动手能力、综合运用知识解决实际问题的能力。

(3)分析结果、总结报告:占成绩的20%。主要考查学生对数据处理方面的知识的运用情况、分析问题的能力、语言表达能力。

(4)科学探究、创新意识方面:占成绩的20%。考查学生是否具有创新意识,是否善于发现问题并能解决问题。

(5)实验态度、合作精神:占成绩的10%。考查学生是否积极主动地做实验,是否具有科学、严谨、实事求是的工作作风,能否与小组同学团结合作。

实验一　海洋发光细菌的分离及发光条件

一、研究背景

发光细菌是一类在正常生理条件下能够发射可见荧光的细菌,这种可见荧光波长为 450~490 nm,在黑暗处肉眼可见。大多数发光细菌为革兰氏阴性、兼性厌氧菌,大小为(0.4~1.0) μm×(1.0~2.5) μm;无孢子、荚膜,有端生鞭毛一根或数根。这类发光细菌绝大多数生活在海洋中,大多是以寄生、共生或腐生的方式生活在海洋生物上,因此鱼类、乌贼、虾类等海洋动物的体表是分离海洋发光细菌的良好材料,有的生长在海水或海泥中。除海洋发光细菌外,还有一类淡水发光细菌,应用研究最多的是从青海湖裸鲤体表分离出的青海弧菌,该菌与弧菌属的海洋发光细菌具有相似的光谱特性,峰值在 484 nm,半高宽为 90 nm,发光的频谱范围在 420~660 nm[1]。

已经命名的发光细菌共有 18 种,分为 4 个属,分别是弧菌属(*Vibrio*)、发光杆菌属(*Photobacterium*)、希瓦氏菌属(*Shewanella*)和异短杆菌属(*Xenorhabdus*),已发现和命名的发光细菌大约有 11 种[2]。

正常生理条件下,发光细菌能够发出可见荧光,与菌体所含的荧光酶有关。该酶由编码荧光素酶的 LuxCDABE 基因编码。发光反应的底物是黄素单核苷酸和长链脂肪醛,在有氧条件下由细菌的荧光酶催化氧化反应产生的能量激发受激物,使其处于激发态,当激发态的电子回到基态的时候,辐射出光子释放能量。最大发射荧光波长约在 490 nm,对人眼来说,波长 490 nm 左右的光是蓝绿光交汇处,所以当大量发光细菌发光时肉眼可见的是蓝绿色光。

环境中的毒性物质主要通过 3 种途径抑制细菌发光:直接抑制参与发光反应酶的活性,主要是荧光酶;抑制与发光有关的代谢过程,如呼吸过程;毒性物质直接导致细菌的死亡[3]。由于发光细菌的发光强度与被测物毒性的大小负相关,因此可用发光强度来量化和表征环境中毒性物质的毒性。

发光细菌法检测污染物生物毒性具有快速简单、灵敏便捷、自动化程度高、成本较低、应用范围广等优点,因此在环境及食品污染中,特别是各类污染水质

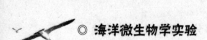

◎ 海洋微生物学实验

的生物毒性评价中得到了广泛的应用。例如,张建江等结合常规理化分析方法,利用发光细菌检测瓶装饮用水的生物毒性评价,为瓶装饮用水的安全性评价提供新的尝试[4]。李漩等以海洋发光细菌——明亮发光杆菌变种为测试菌种,对多种重金属和有机物的单一和联合毒性进行评价[5]。随着对海洋发光细菌性能特性的研究深入,海洋发光细菌监测、检测海洋污染物的应用也逐渐增多,如运用海洋发光细菌法监测沿岸沉积物毒性[6]、检测海水中重金属及油污染等[7]。

二、实验材料

1.药品
酵母膏、胰蛋白胨、蛋白胨、$FePO_4$、琼脂粉等。

2.试剂
(1)革兰氏成套染色液。

(2)芽孢染色液:5% 孔雀绿水溶液(孔雀绿 5 g、蒸馏水 100 mL);0.5%沙黄染色液。

(3)鞭毛染色 A 液:单宁酸 5 g、$FeCl_3$ 1.5 g、15%甲醛 2 mL、1% NaOH 1 mL、蒸馏水 100 mL。

(4)鞭毛染色 B 液:$AgNO_3$ 2 g、蒸馏水 100 mL,溶解后,取出 10 mL 备用,向其余 90 mL 中滴加浓氨水至澄清,再用备用溶液回滴至溶液呈薄雾状。

3.器材
无菌操作台、恒温培养箱、控温摇床、电子天平、高压灭菌锅、培养皿、接种环、移液器、可见光荧光分光光度计等。

4.培养基
(1)发光细菌分离培养基:甘油 3 mL、酵母粉 5 g、胰蛋白胨 5 g、$CaCO_3$ 1 g、琼脂粉 20 g、陈海水 1 000 mL,pH 7.8~8.0,121 ℃灭菌 20 min。

斜面保藏培养基(2216E 固体培养基):蛋白胨 5 g、酵母粉 1 g、$FePO_4$ 0.1 g、琼脂粉 20 g、陈海水 1 000 mL,pH 7.6,121 ℃灭菌 20 min。

三、实验步骤

1.发光细菌的分离
取一条新鲜的鱼或乌贼放在大的无菌培养皿内,从鱼体上面倒入无菌的

3％ NaCl 溶液,使液面的高度刚好在鱼体腹线处,不可将鱼体完全淹没。将培养皿放入 20～25 ℃的恒温培养箱,培养 1～2 d。在黑暗房间内观察,若有发光细菌在鱼体表面生长,则可看见微弱的亮点。

在黑暗处,用接种环在鱼体表面的发亮处挑取少许发光细菌于分离培养基平板上培养,28 ℃黑暗条件下培养,观察发光菌落的出现情况。若菌落形态不一致,可继续在发光细菌培养基平板上划线,直至菌落形态一致。取菌落形态一致的发光细菌菌落涂布于滴有生理盐水的载玻片上,干燥、固定,用吕氏亚甲蓝进行简单染色,在显微镜油浸物镜下检查,若菌体形态一致,可初步认为是纯种细菌。若不是纯种,则应进一步用平板划线培养,直至获得纯化菌落为止,并观察记录菌落形态。

菌种保藏:用接种环从平板上挑取已纯化的发光细菌单菌落,接种于2216E 琼脂斜面上,在 20～25 ℃恒温培养箱中培养 1～2 d 后,可以得到发光较亮的发光细菌斜面菌种。将斜面菌种置于冰箱中冷藏。

2.发光细菌形态的鉴定

(1)革兰氏染色:将菌种接种于 2216E 琼脂斜面上,在 20～25 ℃ 恒温培养箱中培养 24 h。取一干净载玻片,在载玻片上滴一滴生理盐水,无菌操作取菌,涂片、干燥、固定、染色。染色片在空气中自然晾干,在光学显微镜下进行镜检,观察菌体的颜色、形态及其排列。

(2)芽孢染色:将菌种接种于 2216E 琼脂斜面上,在 20～25 ℃ 恒温培养箱中培养 24 h。取一干净载玻片,在载玻片上滴一滴生理盐水,无菌操作取菌,涂片、干燥、固定。加 5％ 孔雀绿水溶液进行染色,并用酒精灯火焰加热至染液冒蒸汽时开始计算时间,维持 15～20 min。加热过程中要随时交替添加染色液和蒸馏水,切勿让标本沸腾或干涸。待玻片冷却后,用水轻轻地冲洗,直至流出的水中无染色液为止。用番红染色液染色 2～3 min,水洗,用吸水纸吸干,油镜下镜检,观察菌体颜色及有无芽孢。

(3)鞭毛染色:将菌种接种于 2216E 琼脂斜面上,在 20～25 ℃ 恒温培养箱中培养 12～16 h。吸取少量蒸馏水滴在洁净玻片的一端,无菌操作在斜面上取菌少许,在蒸馏水中轻蘸,立即将玻片倾斜,使菌液缓慢地流向另一端。用吸水纸吸去多余的菌液,涂片放空气中自然干燥。滴加鞭毛染色 A 液染 4～6 min,用蒸馏水充分洗净 A 液。用鞭毛染色 B 液冲去残水,再加 B 液于玻片上,在酒精灯火焰上加热至冒气,维持 0.5～1 min(加热时应随时补充蒸发掉的染料,不可使玻片干涸),用蒸馏水洗,自然干燥。在油镜下进行镜检,观察有无鞭毛及鞭毛的着生方式。

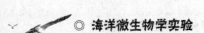

3. 发光特性的检测[8,9]

(1)发光菌株的发光波长、发光强度检测:检测仪器为可见光荧光分光光度计,检测发光波长时,扫描波长范围为350~600 nm,检测相对发光强度。

(2)NaCl 浓度对菌株发光的影响:配制浓度分别为 0、1%、3%、5%、7%和9%的 NaCl 缓冲液,挑选分离培养的发光细菌接种至 5 mL 海水 2216E 液体培养基中,30 ℃振荡培养 5 h,取培养液 100 μL 加入0.9 mL不同浓度的 NaCl 缓冲液,测定其发光强度。

(3)pH 对菌株发光的影响:取 100 μL 培养液接入 0.9 mL pH 分别为 4.0、5.0、6.0、7.0、8.0 含 3%NaCl 的缓冲液,测定发光强度。

(4)培养时间对菌株发光的影响:取培养液 100 μL 转接入 25 mL 海水2216E 液体培养基,28 ℃恒温、暗处培养 3~48 h,定期用肉眼观察记录发光情况。

(5)细菌密度对发光的影响:取 5 μL、10 μL、20 μL、40 μL、80 μL、160 μL培养液,分别加入 5 mL 3%的 NaCl 缓冲液,测定发光强度和在 600 nm 的OD 值。

4. 沿岸水质的毒性测试

按照上述发光细菌最佳发光条件测对照发光强度,分别取 100 μL 培养液接入 0.9 mL 采集的沿岸海水试管和对照管,每个样液做 3 个平行样,15 min后,测定各管的发光强度,求出相对发光强度,取 3 组的平均值。发光细菌毒性实验结果以 EC_{50} 表示。EC_{50} 表示发光细菌相对抑光率为 50%时的毒物浓度。相对抑光率计算公式:相对抑光率=100%-相对发光率。相对发光率=样品发光强度/对照发光强度。

参考文献:

[1]朱文杰,汪杰,陈晓耘,等.发光细菌一新种——青海弧菌[J].海洋与湖沼,1994,25(3):273-279.

[2]Caccamo D,Di Cello F,Fani R,et al. Polyphasic approach to the characterisation of marine luminous bacteria[J]. Research in Microbiology,1999,150(3):221-230.

[3]郑小燕.发光细菌活性调控及毒性检测研究[D].重庆:重庆医科大学,2011.

[4]张建江,贾继民,田华,等.瓶装饮用水理化指标分析及对发光细菌综合毒性评价[J].中国卫生检验杂志,2014,(11):1528-1531.

[5]李漩,蔡磊明,汤保华,等.几种有机化合物与重金属对发光细菌的联合

毒性[J].农药.2011(5):365-367.

[6]许道艳,李伟,张芳,等.用发光细菌法监测海洋沉积物综合毒性的可行性研究[J].海洋环境科学,2009,28(5):570-572.

[7]徐广飞.发光细菌法检测海洋污染生物毒性的标准化与现场应用研究[D].青岛:青岛科技大学.2016.

[8]毛芝娟,杨季芳,王晶,等.自黑鲷肠道分离一株发光细菌的种类鉴定及其发光特性的研究[J].海洋通报,2011,30(4):441-446.

[9]王祥红,汤志宏,李静,等.海洋发光细菌的分离及其发光现象观察[J].生物学通报,2014,49(8):48-50.

实验二 海水对固定化乳酸菌的活性影响

一、研究背景

固定化微生物技术是将特定的微生物固定在有效的载体上,使其高度密集并保持生物活性,在适宜条件下能够快速、大量增殖的生物技术。一般而言,针对特殊污染源,来自天然环境的微生物消耗很快、效率低下,即使有快速的繁殖能力仍不足以负荷。生物增效的作业过程依循自然的方式,向目标添加定制的、具有已知降解能力的微生物制剂(固定化微生物),处理效果则有明显的提升。

微生物固定化方法有吸附法、共价结合法、交联法和包埋法四大类。其中应用较多的是包埋法。包埋固定法是将微生物细胞用物理的方法包埋在各种载体之中。这种方法既操作简单,又不会明显影响生物活性,是比较理想的方法。理想的固定化载体应具备对微生物无毒性、传质性能好、性质稳定、不易被生物分解、强度高、寿命长、价格低廉等优点[1]。包埋载体有两种,一种是无机载体,另一种是有机载体。前者包括活性炭等,后者包括海藻酸钠、聚乙烯醇等。由于琼脂和壳聚糖凝胶的硬度差,聚乙烯醇和聚丙烯酰胺凝胶有毒,而海藻酸钠凝胶具良好的综合性能,不会毒害生物细胞,且容易降解,更适用于微生物细胞固定[2]。

固定化载体既为菌体提供了必要的附着和保护的空间,又隔离了菌体与污染生境的直接接触,避免引入微生物进行修复可能造成的新的生态危害。由此可见,对具有高效降解污染物质能力的微生物进行固定化并制成一定产品,投加到出现污染的水体中,既能实现对污染水体的有效修复,又可保证避免新的生态危害,具有重要的应用价值。

单晓静等在筛选最优包埋材料的实验中,加入海水对材料进行优化。结果显示,利用海水优化处理的包埋菌处理污水,3周后 NH_4^+-N 去除率高达90%以上[3]。韩斌对比了交联法、吸附法、包埋法做固定化,总结得出包埋法的整体性能最好,很好地保留了细胞的生物活性和催化能力,且包埋的过程操作相对简单、应用灵活[4]。贺银凤等在探究乳酸菌固定化的优化条件实验中发现,海藻酸钠浓度为 1.5%、CaCl₂浓度为1.5%时,菌种的活力持久,重复利用性最好[5]。

乳酸菌具有多种生物活性,广泛应用于食品发酵工业。研究表明,乳酸菌还对多种重金属具有较强的吸附特性,可用于环境污染因子中的重金属的去除[6]。因乳酸菌的培养和增殖难度较高、对外抵抗力较差以及在实际应用过程难以保持活性,因而固定化乳酸菌吸附研究更具有应用潜力。但目前对于固定化乳酸菌在海水中的活性与吸附作用的研究报道极少。

二、实验材料

1.菌种
屎肠球菌。
2.试剂
NaOH、盐酸、NaCl、乙酸铅、葡萄糖、柠檬酸三钠。
3.器材
无菌操作台、恒温培养箱、控温摇床、电子天平、高压灭菌锅、培养皿、接种环、移液器等。
4.培养基
LB 固体培养基。

三、实验步骤

1.固定化小球的制备
将斜面上活化后的屎肠球菌取 2～3 环接种至 100 mL LB 无菌液体培养基,置于 37 ℃的控温摇床上培养,转速为 150 r/min,培养 48 h 后计数。将菌液与 2%海藻酸钠混匀后,用 9 号针管吸取混合液滴至 2.5%CaCl₂溶液中。

2.海水 pH 对固定化乳酸菌小球中乳酸菌活性的影响
用 NaOH 和盐酸将海水 pH 分别调为 4.0、5.0、6.0、7.0、8.0。取上述调配好 pH 的海水各 10 mL,各加入 0.5 g 屎肠球菌固定化小球,塞上试管塞,以自然海水为对照,置于 30 ℃的控温摇床上培养,转速为150 r/min。培养 24 h 后取出固定化小球,用无菌水反复冲洗 3～5 次,再用柠檬酸三钠溶液溶解,稀释成不同倍数,用移液器取 0.2 mL 移至 LB 固体培养基平板上,涂布平板,倒置于恒温培养箱中,于 37 ℃培养24～48 h后计数。

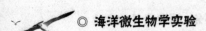

3. NaCl 浓度对固定化乳酸菌小球中乳酸菌活性的影响

分别称取 3.0 g、3.5 g、4.0 g、4.5 g 及 5.0 g NaCl 固体于各烧杯中,加入适量海水溶解,再用海水分别定容至 100 mL,分别配成 3%、3.5%、4.0%、4.5% 及 5.0% 的 NaCl 溶液。各加入 0.5 g 屎肠球菌固定化小球,塞上试管塞,以自然海水为对照,置于 37.5 ℃ 的控温摇床上培养,转速为 150 r/min。培养 24 h 后取出固定化小球,用无菌水反复冲洗 3～5 次,再用柠檬酸三钠溶液溶解,稀释成不同倍数,用移液器取 0.2 mL 移至 LB 固体培养基平板上,涂布平板,倒置于恒温培养箱中,于 37 ℃ 培养 24～48 h 后计数。

4. 海水中铅离子浓度对固定化乳酸菌小球中乳酸菌活性的影响

分别称取 50 g、100 g、150 g、200 g 及 250 g 乙酸铅固体于各烧杯中,分别制成浓度为 50 mg/L、100 mg/L、150 mg/L、200 mg/L、250 mg/L 的乙酸铅海水溶液。各加入 0.5 g 屎肠球菌固定化小球,塞上试管塞,以自然海水为对照,置于 37.5 ℃ 的控温摇床上培养,转速为 150 r/min。培养 24 h 后取出固定化小球,用无菌水反复冲洗 3～5 次,再用柠檬酸三钠溶液溶解,稀释成不同倍数,用移液器取 0.2 mL 移至 LB 固体培养基平板上,涂布平板,倒置于恒温培养箱中,于 37 ℃ 培养 24～48 h 后计数。

5. 葡萄糖浓度对固定化乳酸菌小球中乳酸菌活性的影响

分别称取 5 g、10 g、20 g、40 g、80 g 葡萄糖于各烧杯中,配成浓度为 5%、10%、20%、40%、80% 的葡萄糖海水溶液。各加入 0.5 g 屎肠球菌固定化小球,塞上试管塞,以自然海水为对照,置于 37.5 ℃ 的控温摇床上培养,转速为 150 r/min。培养 24 h 后取出固定化小球,用无菌水反复冲洗 3～5 次,再用柠檬酸三钠溶液溶解,稀释成不同倍数,用移液器取 0.2 mL 移至 LB 固体培养基平板上涂布平板,倒置于恒温培养箱中,于 37 ℃ 培养 24～48 h 后计数。

将实验结果记录在表 3-1 中。

表 3-1　海水对固定化乳酸菌活性的影响

pH	菌落数/(CFU/mL)	NaCl 浓度	菌落数/(CFU/mL)	铅离子浓度/(mg/L)	菌落数/(CFU/mL)	葡萄糖浓度	菌落数/CFU/mL)
4.0		3%		50		5%	
5.0		3.5%		70		10%	
6.0		4%		90		15%	
7.0		4.5%		110		20%	
8.0		5%		130		25%	

参考文献：

[1]蒋宇红,黄霞,俞毓馨.几种固定化细胞载体的比较[J].环境科学,1993,14(2):11-15.

[2]张强,马齐,徐升运,等.海藻酸钠包埋乳酸菌及活性分析[J].陕西农业科学,2009,55(2):23-25.

[3]单晓静,于德爽,李津,等.海水优化 ANAMMOX 包埋固定化及其处理含海水污水的脱氮性能[J].环境科学,2018,39(4):1677-1687.

[4]韩斌.包埋法固定化微生物问题初探[J].环境科学,2010,39(2):164-168.

[5]贺银凤,午日娜,王建华.乳酸菌的固定化方法及其发酵特性的研究[J].食品研究与开发,2006(5):16-18.

[6]李畅,贾原博,赵晓峰.乳酸菌对重金属吸附作用的研究进展[J].微生物学通报,2018,45(10):2254-2262.

实验三　产脂酶海洋微生物的选育及产酶条件

一、研究背景

　　脂酶，是一种催化脂类的酯键水解反应的水溶性酶，因此，脂酶是酯酶下的一个亚类。脂酶在动物、植物及微生物生物体中都存在，而微生物脂酶种类最多，其中尤其以霉菌产脂酶最多，主要集中在根霉、曲霉、青霉、毛霉、须霉，细菌以假单胞菌为主，酵母以假丝酵母为代表[1]。因微生物具有易培养和大规模培养的特点，且相比其他生物，微生物脂酶对温度和 pH 有更广的适应性，因此更适合工业化生产。

　　海洋是很有发展潜力的微生物资源库，海洋微生物所产酶具有独特的酶学性质，其技术及运用现在普遍被认为是继药物和农业浪潮之后的"第三次浪潮"[2]。据不完全统计，产脂酶的微生物有 33 个属，其中革兰氏阳性菌来源的有 7 个属 30 种菌，革兰氏阴性菌来源的有 4 个属 17 种菌，霉菌来源的有 14 个属 42 种菌，酵母来源的 7 个属 20 种菌，放线菌类来源的 1 个属 5 种菌[3]。产脂肪酶菌株的筛选方法具多样性，常用的筛选方法是甘油三酯平板法[4]，并在平板中添加罗丹明 B、溴甲酚紫、中性红、维多利亚蓝等作为筛选标记。施巧琴利用脂肪酶作用脂肪后产生脂肪酸与维多利亚蓝反应呈蓝绿色的透明圈平板法经摇瓶发酵复筛得到产碱性脂肪酶的扩展青霉[5]。李祖义报道了利用橄榄油与罗丹明 B 之间的特异性反应来检测菌种发酵液或其他样品中脂肪酶活力[6]，其原理推测可能是脂肪酶降解油脂生成的脂肪酸与罗丹明 B 阳离子发生特异性反应，在紫外灯下可观察到橙黄色荧光物质，这种荧光圈直径与脂肪酶溶液浓度的对数呈很好的线性关系，所以这种荧光圈越大，脂肪酶活力越高[7]。

　　提高脂酶产量的途径主要是菌种选育与菌种发酵工艺条件的筛选，其中菌种发酵条件的优化是较快捷的方式。微生物脂酶的发酵可通过固态发酵、液态发酵和细胞固定化方式进行。目前生产上应用液体深层发酵法生产。液体深层发酵易于控制，不易染杂菌，生产效率高。直至目前，液态发酵产脂酶的最适培养基成分和最适发酵条件都已得到广泛研究。因脂酶的来源不同，其性质差异也大,有必要从本地海洋生境中筛选水解脂肪的海洋微生物,为安全解决南海水产养殖和海洋环境中脂肪污染问题提供参考。

二、实验材料

1. 器材

无菌操作台、恒温培养箱、控温摇床、电子天平、高压灭菌锅、培养皿、接种环、移液器、高速冷冻离心机、匀质机等。

2. 试剂

橄榄油、维多利亚蓝 B、罗丹明 B、对硝基苯酚棕榈酸酯、对硝基苯酚、异丙醇、Triton X-100 等。

3. 培养基

(1)富集培养基:酵母膏浸出粉 10.0 g、$MgSO_4 \cdot 7H_2O$ 2.0 g、K_2HPO_4 1.0 g、PVA 橄榄油 40 mL、蒸馏水 1 000 mL,pH 7.5,121 ℃蒸汽灭菌 20 min。

(2)平板筛选培养基:K_2HPO_4 1.0 g、$MgSO_4 \cdot 7H_2O$ 0.1 g、$FeSO_4 \cdot 7H_2O$ 0.01 g、$(NH_4)_2SO_4$ 1.0 g、琼脂 20 g、PVA 橄榄油 120 mL、0.1 mg/mL 罗丹明 B 100 mL,pH 7.5,121 ℃蒸汽灭菌 20 min。

(3)种子/斜面培养基:牛肉膏蛋白胨培养基,pH 7.5,121 ℃蒸汽灭菌 20 min。

(4)初始发酵培养基:蛋白胨 40 g、蔗糖 20 g、$MgSO_4 \cdot 7H_2O$ 0.5 g、PVA 橄榄油 40 mL、K_2HPO_4 1.0、蒸馏水 1 000 mL,pH 7.5,121 ℃蒸汽灭菌 20 min。

三、实验内容

1. 产脂酶海洋微生物的筛选

(1)采样:从海泥、海水和海洋生物消化道中采集样品,以橄榄油为诱导底物进行培养。

(2)分离菌的富集:称取 10 g 样品加入 90 mL 无菌蒸馏水,放在匀质机上振荡均匀后,取 5 mL 上清液加入富集培养基,于 30 ℃、180 r/min 摇瓶培养,4 d 后取 5 mL 培养液加入另一新鲜培养基,如此重复 5～6 次后进行平板分离。

(3)初筛:将富集后的样品用无菌生理盐水配制成菌悬液,分别稀释至 10^{-3}、10^{-4}、10^{-5}、10^{-6}、10^{-7} 等不同梯度,各取 100～200 μL 菌悬液涂布于以三

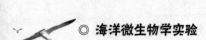

丁酸甘油酯为底物的双层平板上和以橄榄油为唯一碳源的初筛固体培养基平板上,分别置于 25 ℃和 30 ℃恒温培养 3 d 后,观察变色圈。三丁酸甘油酯初筛平板上出现蓝色变色圈(该现象容易观察到)的为产脂酶疑似菌株,因为部分产酯酶菌株分泌的酯酶也能降解三丁酸甘油酯,使维多利亚蓝 B 变色,出现假阳性现象;橄榄油初筛平板上出现粉红色变色圈(该现象较不易观察到)的为产脂酶菌株。但野生菌中脂酶活力相对较低,罗丹明 B 不易变色,筛选过程中容易漏筛,所以在筛选脂酶产生菌时,最好结合两种平板共同观察,确保不多筛、不漏筛。初筛时根据变色圈与菌落直径的比值(HC 值)来挑选产酶菌株,挑选出HC 值较大的菌株划线分离,纯化后接种于牛肉膏蛋白胨培养基保藏备用。

(4)复筛:将初筛得到的菌株活化后接种于种子培养基中,并于 30 ℃、180 r/min 摇瓶培养培养 12 h,以 4%(V/V)的接种量接种于液体发酵培养基(50 mL/250 mL 锥形瓶),于 30 ℃、200 r/min 培养 3 d 后取发酵上清液测定酶活力。

2.脂酶活力的测定

(1)粗酶液的制备:将发酵液于高速冷冻离心机中 8 000 r/min 冷冻离心15 min,取上清液。

(2)脂酶活力的测定[对硝基苯酚(p-NP)法]:

A 液:30 mg 棕榈酸对硝基苯酯(p-NPP)溶于 10 mL 异丙醇;

B 液:0.05 mol/L 的磷酸缓冲液(pH 7.5);

C 液:A 液与 B 液以 1∶9(V/V)缓慢混合,新鲜配制而成,加入 1% Triton X-100。

(3)p-NP 溶液浓度 OD 值标准曲线的制作:配制浓度为 0.1 mg/mL p-NP标准溶液,各取 0 mL、0.1 mL、0.2 mL、0.3 mL、0.4 mL、0.5 mL、0.6 mL、0.7 mL、0.8 mL、0.9 mL、1.0 mL p-NP 标准溶液于试管内,加入 pH 7.5 的磷酸缓冲液定容至 10 mL,与无水乙醇以 1∶1(V/V)混匀后,测定 404 nm 处的OD 值,绘制 p-NP 溶液浓度-OD 值标准曲线。

(4)酶活力的测定:0.1 mL 酶液(适当稀释)+0.9 mL C 液(35 ℃预热5 min),于 35 ℃反应 15 min。用 1 mL 无水乙醇终止反应,12 000 r/min 离心2 min,测 404 nm 处的 OD 值,以蒸馏水代替酶液作为对照。

酶活力单位定义:每分钟脂肪酶分解底物 p-NPP 释放出 1 μmol p-NP 所需的酶量为一个酶活力单位。

3.脂酶产生菌培养条件的优化[8]

在初始发酵培养基的基础上优化碳源、氮源、脂酶诱导物。分别以葡萄糖、果糖、乳糖、淀粉、麦芽糖替代蔗糖,以确定最佳碳源;在碳源优化的基础上,分别以尿素、NH_4NO_3、豆粕、大米蛋白、玉米蛋白、玉米浆干粉、黄豆粉为氮源配制液体产酶培养基代替初始发酵培养基中的蛋白胨,研究不同氮源对产酶的影响,从而确定最佳氮源;在确定碳源、氮源及其添加量的基础上,分别向产酶液体培养基中添加三油酸甘油酯、大豆油和三月桂酸甘油酯,考察不同诱导物对脂肪酶合成的影响;在配好培养基的基础上,分别将培养基的初始 pH 调至 5.0、6.0、7.0、7.5、8.0、9.0 和 10.0,分别测定在不同培养基初始 pH 下发酵得到的脂肪酶活力,确定最佳培养基初始 pH。

将上述碳源、氮源及诱导物替代初始发酵液中的相应底物后,装液量为 50 mL/250 mL,接种量 5%(V/V),于 30 ℃,200 r/min 培养 3 d,将发酵液于高速冷冻离心机中 8 000 r/min 冷冻离心 15 min,取上清液,采用 p-NP 法测定各发酵液酶活力。

参考文献:

[1]孙宏丹,孟秀香,贾莉,等.微生物脂肪酶及其相关研究进展[J].大连医科大学学报,2001,23(4):292-295.

[2]宋欣.微生物酶转化技术[M].北京:化学工业出版社,2004.

[3]郭琪,王静雪.海洋微生物酶的研究概况[J].水产科学,2005,24(12):41-44.

[4]乔红群,徐虹,付闪雷,等.脂肪酶产生菌的筛选及其酶性质[J].南京化工大学学报,1998,20(1):15-19.

[5]施巧琴.碱性脂肪酶的研究——Ⅰ.菌株的分离和筛选[J].微生物通报,1981(3):108-110.

[6]李祖义,朱明华,冯清,等.胞外酶活力的检测法[J].微生物学通报,1990,(2):85-88.

[7]Kouker G,Jaeger K E. Specific and sensitive plate assay for bacterial lipases[J]. Applied and Environmental Microbiology,1987,53(1):211-213.

[8]沈文锋.产脂肪酶海洋微生物的选育及产酶特性的研究[D].福州:福州大学,2013.

实验四　可降解有机磷的海洋微生物筛选

一、研究背景

　　我国生产的有机磷农药绝大多数为杀虫剂。杀虫剂是世界上生产和使用最多的农药品种之一,它是控制农作物害虫和病媒昆虫的重要手段。然而,随着有机磷农药的广泛使用,其毒性也带来严重的副作用,成为重要的化学环境污染物。

　　有机磷农药大多呈油状或结晶状,工业品呈淡黄色至棕色,除敌百虫和敌敌畏之外,大多有蒜臭味。一般不溶于水,易溶于有机溶剂如苯、丙酮、乙醚、三氯甲烷及油类,对光、热、氧均较稳定,遇碱易分解破坏,敌百虫例外。敌百虫为白色结晶,能溶于水,遇碱可转变为毒性较大的敌敌畏。市场上销售的有机磷农药剂型主要有乳化剂、可湿性粉剂、颗粒剂和粉剂 4 种。近几年来混合剂和复配剂逐渐增多。有机磷在环境中半衰期长、残留高、具有生物富集和毒害非靶标生物的特性,使得其中一些有机磷农药已经被禁用,但仍有相当一部分有机磷农药占据我国农药市场的很大一部分。

　　有机磷农药的生物降解主要是利用微生物的降解作用。有机磷农药在微生物作用下通过共代谢、生长代谢及矿化作用使农药的结构和理化性质都发生改变,将农药大分子化合物降解为小分子化合物,直至实现有机磷对环境的无害化降解。利用微生物或者微生物产品来降解有机磷农药的生物修复方法具有无毒、无残留、无二次污染等优点,是消除和解毒农药残留的一种安全、有效、廉价的方式[1]。微生物作用已经被认为是去除有机磷农药最重要和最有效的途径,因此微生物降解被认为是决定环境中有机磷农药命运的最主要因素[2]。

　　进行有机磷农药微生物降解研究的基础和关键是获得能够降解有机磷农药的微生物。目前解磷微生物大多是从长期受到有机磷农药污染的土壤或水体,通过富集、驯化、筛选获得的。虞云龙从蚕沙坑污泥中分离到一株对多种除虫菊酯有降解作用的假单胞菌[3]。刘玉焕等从农药厂的废水池中分离到一株乐果高效降解曲霉[4]。江玉姬等从农药厂附近土壤分离到一株能高效降解甲基对硫磷的玫瑰单胞菌[5]。

实际上,农用生产上应用的有机磷仅有1％作用于靶标,30％残留于植物,其余的则进入土壤和包括浅层地下水在内的江河湖海等水系。大量未经吸收利用的农药随降雨等地表径流进入海洋水体,造成近岸海水有机磷污染和积累,已超过一般微生物的净化能力,造成环境污染。为了提高海水养殖区中微生物降解物质的生化处理效率,不少国内外学者进行了人工选育特殊菌种降解某些特定化合物的研究。金彬明从被有机磷污染的海水样品中分离到以有机磷为唯一碳源的蜡样芽孢杆菌[6]。但是,现有的有机磷降解菌的分离大多仍来源于陆地土壤,从分离来源的角度而言,忽视了海洋这一个宝库。

二、实验材料

1.菌种来源
海口、养殖污水排放口。

2.试剂
辛硫磷、敌百虫、甲胺磷等。

3.器材
无菌操作台、恒温培养箱、控温摇床、电子天平、高压灭菌锅、培养皿、接种环、移液器等。

4.培养基
(1)人工海水或陈海水。
(2)富集培养基:牛肉膏5 g、蛋白胨10 g、NaCl 5 g、水1 000 mL,121 ℃高压灭菌20 min。
(3)分离培养基:牛肉膏5.0 g/L、蛋白胨10.0 g/L、NaCl 5.0 g/L、琼脂2％,121 ℃高压灭菌20 min。

三、实验步骤

1.采样
选择海口、养殖污水排放口,采集水样100 mL于无菌瓶中或无菌塑料袋中,取回后置于冰箱暂时保存。

2.菌种的驯化
在100 mL人工海水(含有机磷农药1 mL)中加入样液1 mL,控制温度为

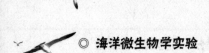

30 ℃,在转速为 150 r/min 的条件下振荡培养 4～5 d。取培养后的培养液 1 mL,加入 90 mL 无机盐培养液(含有机磷农药原液 2 mL),在相同的培养条件下培养 2～3 d,随后加入 5 mL 含有机磷农药的原液,培养 7 d 左右。

3.菌种的分离与纯化

取驯化的培养液 0.2 mL,以无菌操作方式划线或涂布于营养琼脂平板上进行分离,在 28 ℃恒温培养箱培养 48 h,重复上述步骤,直至菌落形态一致,所得菌落即为纯培养。观察记录菌落形态。

4.菌悬液的制备

将菌种接种于富集培养基中,在 30 ℃、150 r/min 条件下摇瓶培养 24 h 后,4 000 r/min 离心 15 min,收集对数期菌体,用无菌水洗涤 2 次,然后制成菌悬液,活菌浓度为 10^8 CFU/mL。

5.有机磷降解能力的测定

以无菌操作分别取菌悬液 10 mL,接种于 100 mL 的无菌海水培养基(含有机磷农药原液 3 mL)内,在 30 ℃、150 r/min 条件下摇瓶培养,测定 7 d 后各培养瓶内有机磷农药的含量。用气相色谱测定培养液中有机磷的含量,并计算其降解率。

参考文献:

[1] Mulbry W,Kearney P C. Degradation of pesticides by microorganisms and the potential for genetic manipulation[J]. Crop Protection,1991,10(5): 334-346.

[2] Munnecke D M,Hsieh D P. Microbial decontamination of parathion and p-nitrophenol in aqueous media[J]. Applied and Environmental Microbiology,1974,28(2):212-217.

[3]虞云龙,盛国英,傅家漠,等.一株农药降解菌的分离与鉴定.华南理工大学学报,1996,24(2):183-186.

[4]刘玉焕,钟长英.真菌降解有机磷农药乐果的研究[J].环境科学学报,2000,20(1):95-99.

[5]江玉姬,邓优锦,刘新锐,等.一株能高效降解几种有机磷农药的菌株 J8018 的鉴定[J].微生物学报,2006,46(3):463-466.

[6]金彬明,刘佳明.利用海洋微生物降解有机磷农药 MAP 的研究[J].中国微生态学杂志,2009,21(5):420-423.

设计性实验

学生可根据自己的兴趣自拟题目或指导教师给定题目。以下为参考题目：
——实验一 产抗生素的海洋微生物筛选；
——实验二 海洋微生物对多环烃的降解特性研究；
——实验三 海洋真菌抗氧化活性物质的研究；
——实验四 特定海洋生境中微生物多样性研究；
——实验五 海星(海洋生物)共附生微生物抗菌活性物质的筛选；
——实验六 产杀虫活性物质海洋放线菌的筛选和初步鉴定。

一、设计性实验的目的

(1)学生利用已学过的理论、方法(含查资料获得的新知识)，自己独立设计并完成实验的全过程、分析实验结果。
(2)培养学生灵活运用知识的能力、实际动手能力、创造能力。
(3)让学生实现向独立完成科研题目的过渡。

二、设计性实验的基本步骤

(1)选择实验题目、撰写实验方案。
(2)提出所需试剂、生物材料、仪器和设备的清单。
(3)配制试剂、处理生物材料、安装仪器。
(4)完成实验、提交实验报告。

三、设备和器材

根据具体实验确定。

四、实验报告书写要求

（1）叙述实验研究意义。

（2）阐明实验的研究过程和测量方法。

（3）记录所用仪器的型号、规格、数量等。

（4）记录实验的全过程，包括实验步骤、各种实验现象和所有的实验数据。

（5）得出实验结论并对实验结果进行分析讨论。

参考文献

[1]周德庆,徐德强.微生物学实验教程[M].第3版.北京:高等教育出版社,2013.

[2]张纪忠.微生物学分类学[M].上海:复旦大学出版社,1990.

[3]钱存柔,黄仪秀.微生物学实验教程[M].北京:北京大学出版社,2008.

[4]赵斌,何绍江.微生物学实验[M].北京:科学出版社,2002.

[5]陈代杰,朱宝泉.工业微生物菌种选育与发酵控制技术[M].上海:上海科学技术文献出版社,1995.

[6]周德庆.微生物学实验手册[M].上海:上海科学技术出版社,1983.

[7]王福荣.生物工程分析与检验[M].北京:中国轻工业出版社,2005.

[8]魏景超.真菌鉴定手册[M].上海:上海科学技术出版社,1979.

[9]戴芳澜.真菌的形态和分类[M].北京:科学出版社,1987.

[10]陶文沂.工业微生物生理与遗传育种学[M].北京:中国轻工业出版社,1997.

[11]蒋群,李志勇.生物工程综合实验[M].北京:科学出版社,2010.

[12]薛廷耀,孙国玉,丁美丽.胶州湾小球藻的研究[J].海洋与湖沼,1960,3(1):1-12.

[13]林燕顺,周宗澄,叶德赞.厦门港近岸海域粪大肠菌群分布的初步研究[J].海洋学报,1983,5(6):789-792.

[14]史君贤,陈忠元,胡锡钢.南麂列岛附近海域表层水及沉积物中细菌的丰度及其在环境中的作用[J].东海海洋,1994,12(3):57-61.

[15]宁修仁,陈介中,刘子琳.海南省三亚湾和榆林湾海水中叶绿素 a 浓度、总细菌和大肠杆菌的丰度与分布[J].东海海洋,1999,17(4):51-57.

[16]杜爱芳.浙江近岸海域细菌学分析[J].浙江大学学报(农业与生命科学版),2003,29(5):523-528.

[17]江苏省海洋与渔业局.养殖水体细菌总数测定——荧光显微计数法:DB32/T 1730—2011[S].南京:江苏省质量技术监督局,2011.

[18]肖慧.渤海湾近岸海域的细菌学研究及其在海岸带环境质量评价中的应用[D].青岛:中国海洋大学,2005.

[19]中国科学院微生物研究所放线菌分类组.链霉菌鉴定手册[M].北京:

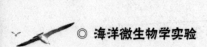

科学出版社,1975.

    [20]马红梅,王和飞.微生物学与生物化学实验技术[M].天津:天津科技翻译出版公司,2011.

    [21]周茂洪,赵肖为,周林,等.产淀粉酶的海洋曲霉菌的分离及酶学特性初步研究[J].海洋学研究,2007,25(3):59-65.

    [22]王麟.海洋酵母菌种资源库的建立及特殊类型海洋酵母菌的多样性研究[D].青岛:中国海洋大学,2008.

    [23]池振明,居靓,王祥红,等.在海洋环境中的酵母菌分布与多样性[J].中国海洋大学学报(自然科学版),2009,39(5):955-960,1024.

    [24]林治宇.虾塘酵母菌优势菌株的分离筛选及应用研究[D].海口:海南大学,2015.

    [25]全国海洋标准化技术委员会.海洋监测规范:GB 17378—2007[S].北京:中国标准出版社,2007.